河流阻力及其对泥沙运动的影响研究

张利国　张磊　王大宇　朱颖斌　陈娟　著

中国水利水电出版社
www.waterpub.com.cn
·北京·

内 容 提 要

　　本书探究了河流的阻力特性及其对泥沙运动的影响，研究山区与平原河流水流阻力与泥沙运动的统一规律，建立具备广泛适用性的水流阻力和泥沙运动关系。开展了野外和室内水槽试验，获得了河段平均的水力学、泥沙以及河床地形场等数据。考虑到河流空间流动的非均匀性，建立了基于河段的阻力关系式；基于不同相对水深情况下的水流阻力特性，建立了适用于野外和室内可覆盖各种相对水深范围的遮蔽函数模型。基于野外及室内水槽试验的床面地形数据，分析了床面形态特征，对水流阻力、床面形态与泥沙运动之间的相互作用关系进行了探讨。

　　本书可供从事河流阻力及泥沙运动研究的学者和专家、相关专业的研究生，以及工程师和技术人员参考。

图书在版编目（CIP）数据

河流阻力及其对泥沙运动的影响研究 / 张利国等著
. -- 北京 : 中国水利水电出版社，2021.6
ISBN 978-7-5170-9906-2

Ⅰ．①河… Ⅱ．①张… Ⅲ．①河流－流动阻力－影响
－泥沙运动－研究 Ⅳ．①TV142

中国版本图书馆CIP数据核字(2021)第179850号

书　　　名	**河流阻力及其对泥沙运动的影响研究** HELIU ZULI JI QI DUI NISHA YUNDONG DE YINGXIANG YANJIU
作　　　者	张利国　张　磊　王大宇　朱颖斌　陈　娟　著
出版发行	中国水利水电出版社 （北京市海淀区玉渊潭南路1号D座　100038） 网址：www. waterpub. com. cn E - mail：sales@waterpub. com. cn 电话：(010) 68367658（营销中心）
经　　　售	北京科水图书销售中心（零售） 电话：(010) 88383994、63202643、68545874 全国各地新华书店和相关出版物销售网点
排　　　版	中国水利水电出版社微机排版中心
印　　　刷	天津嘉恒印务有限公司
规　　　格	170mm×240mm　16开本　7印张　137千字
版　　　次	2021年6月第1版　2021年6月第1次印刷
印　　　数	001—500册
定　　　价	**56.00元**

前　言

河流水系是水流、泥沙、生源物质以及污染物等的输移通道，是地球之血脉。自然界中，河流有平衡态，但大多是非平衡态，对河流阻力及泥沙运动规律的认知是构造健康的河流生态系统的基础。山区卵砾石河流是整个河流生态系统的源头，为下游河流提供了充足的物料补给，其水流能量占整个河流系统的很大一部分，对整个流域的河流地貌演变起着非常重要的作用。山区河流坡陡流急、泥沙级配宽、相对水深小、河床结构发育、水流流动在空间上变化剧烈，其水流阻力关系、床面形态、泥沙运动特点与平原河流存在较大差异，呈现出不同的特点。

本书探究了河流的阻力特性及其对泥沙运动的影响，尝试研究山区与平原河流水流阻力与泥沙运动的统一规律，建立具备广泛适用性的水流阻力和泥沙运动关系。开展了野外和室内水槽试验，获得了河段平均的水力学、泥沙以及河床地形场等数据。考虑到河流空间流动的非均匀性，建立了基于河段的阻力关系式；基于不同相对水深情况下的水流阻力特性，建立了适用于野外和室内可覆盖各种相对水深范围的遮蔽函数模型。基于野外及室内水槽试验的床面地形数据，分析了床面形态特征，对水流阻力、床面形态与泥沙运动之间的相互作用关系进行了探讨。

本书共分为 5 章，分别为概论，河段平均阻力，推移质运动，床面形态与推移质运动，结论与展望。第 1 章系统总结了河流阻力及推移质运动的研究进展，梳理了在河流阻力及推移质运动研究中存在的关键性难题，提出了本书的主要研究内容和技术路线。第 2 章考虑水流在空间流动上的非均匀性，建立了河段平均阻力模型。对断面水力要素在三维空间河段上进行了扩展定义，以可动及不可动颗粒的体积与其上覆水体体积之比作为河段肤面阻力及形态阻力的影响因素，建立河段阻力方程，并给出了河段阻力模型基于河段平均水力要素衍化出的河段平均阻力方程。应用由断面平均得到的河段平均水力要素资料进行率定与验证，表明该方程可以较好地适用于山区与平原河流。第3章考虑不同相对水深情况下的水流阻力特性及卵砾石河床渗透性的影响，建立了推移质颗粒起动的遮蔽函数模型。通过床面泥沙颗粒受力平衡方程将作用在床面泥沙颗粒上的切应力与近底水流条件联系起来，并应用考虑河床自动调整修正的非均匀沙床面切应力分配方法求得床面总体切应力，建立遮蔽函数模型。模型不仅包含了床沙组成对推移质颗粒起动的影响，同时考虑了水流流态变化及床面渗透性的影响。验证表明，通过应用相匹配的阻力关系式，新的模型可以较好地描述室内水槽和野外河流的输沙数据。第4章通过室内水槽及野外河流的输沙试验，探究了不同的水沙输移阶段下水流阻力、床面形态/结构与推移质运动三者之间的关系。在动态输沙平衡阶段，推移质输沙率与肤面阻力、形态阻力及床面形态强度参数均呈正相关关系；在泥沙补给不充分的水流冲刷阶段，推移质输沙率随肤面阻力增加而增加，随形态阻力及床面形态强度参数增加而减小。第5章对前文研究内容进行了回顾与展望。

本书的研究成果得到了导师傅旭东教授的精心指导，在此表示诚挚的感谢！由于水平和时间有限，书中错误和不足之处在所难免，希望读者批评指正。

作者

2021 年 4 月于北京

目　录

第1章 概　　论

1.1　研究意义

河流水系是水流、泥沙、生源物质以及污染物等的输移通道，是地球的血脉。河流水系构成的生态系统对于地球自然功能的正常发挥以及人类的生存发展都起着至关重要的作用。自然界中，河流有平衡态，但大多是非平衡态，对河流运动规律认知的深刻程度直接影响了水利/生态工程的建设及健康运行。

山区卵砾石河流是整个河流生态系统的源头，为下游河道提供了充足的物料补给，其水流能量占整个河流系统的很大一部分，对整个流域的河流地貌演变起着非常重要的控制作用。Schumm（1977）等研究者认为应以床面比降大于2‰作为山区卵砾石河流的划分标准，本书也沿用该标准。越来越多的研究者将目光聚焦于山区河流的研究，关注河床形貌响应及流域演变（Badoux et al.，2014；曹叔尤等，2000）、床面形态及河岸稳定性分析（Knighton，1998；Church 和 Zimmermann，2007；徐江等，2004；刘怀湘等，2010）、洪水风险评估（Fu et al.，2013；张红萍，2013）、物种多样性及生态栖息地质量评估（Buffington et al.，2004；王兆印等，2007；王丽萍等，2010；徐梦珍等，2012）、地下渗透水流流动（Lambs，2004）、基岩侵蚀（Turowski，2009；赵洪壮等，2009）以及水利工程实践（Yang，1996）等各个方面。

山区卵砾石河流在我国西南山区广泛分布。该区域自然条件复杂，降雨时段集中，很容易在山地丘陵区形成暴涨暴落的山沟洪水；加之山高谷深、纵横起伏大，地表风化物和松散堆积物质充足，在雨季极易引发滑坡泥石流等灾害（陈国阶，2004；曹志先，2007；崔鹏等，2016）。2008年的汶川地震给当地带来了严重的原生及次生灾害，震后山体错裂、岩层破碎、表层土质变得疏松，为滑坡泥石流等次生灾害的发生提供了充足的物料条件。2010年8月12—14日，汶川地震灾区发生特大山洪泥石流灾害，造成84人遇难或失踪，给当地人民带来严重的生命与财产损失，危害了后续经济发展。震后灾区频发的滑坡泥石流，剧烈改变了流域下垫面条件，局部地表植被严重破坏、岩土裸露、大量松散固体堆积物淤堵甚至淤埋溪河沟道，所有这些都使得震后山区的山洪泥沙特性和灾害风险呈现新的特征（侯极等，2012；李彬等，2015）。四川龙溪河流域的野外观测与数值计算及相关室内试验表明（Fu et al.，2013），与震前相比，当地流域在相同暴雨过程下的洪峰流量显著增加，同流量下的洪水位抬升，大大加剧了震后次生山洪灾害的威胁。

表 1.1 是 1950—2011 年我国山洪灾害伤亡人数统计表。可以看出，虽然山洪灾害造成的伤亡人数与 20 世纪相比已经大幅减少，但是由山洪灾害造成的死亡人数占全国洪涝灾害死亡人数的比例呈递增趋势。

表 1.1　　　　　　　　1950—2011 年我国山洪灾害伤亡人数统计表

年份	山洪灾害造成的年死亡人数	占洪涝灾害死亡总数百分比/％
1950—1990	3707	67.4
1991—1998	1900～3700	62～69
1999—2007	1100～1600	65～76
2008	508	80
2009	430	80
2010	3887	90
2011	534	83.4

注　图表来源：中国山洪灾害防治网。

因此，作为基础支撑，探究河流水沙运动的力学机理，揭示水沙输移特性，对于认识水流及泥沙运动机理、模拟洪水演进及地貌演变过程、推动山洪灾害预警和防治技术发展等具有重大且急切的科学与现实意义。

1.2　国内外研究现状

1.2.1　山区河流基本特点

平原河流比降平缓，水深较大，至少是床沙代表粒径的两个量级以上；随着水流条件的变化，床面会依次出现静平床、沙纹、沙波、动平床、逆行沙波、浅滩深槽等形态；水面及床面形态沿程变化并不剧烈。通常假设自由水面的变化对水流泥沙输移特性无显著影响，并以断面各水力要素作为主要研究对象。

相比平原沙质河流，山区卵砾石河流比降大，泥沙级配宽，粒径范围分布很广（大到数米，小到毫米级别），泥沙补给来源多且时空变化范围大（Yager et al.，2007；杨奉广等，2016），水深河宽变化显著，卵砾石在枯水情况下会凸出水面，洪水时可能没入水中（Bathurst，1985；Smart et al.，2002；乔昌凯等，2009；刘勇，2010）。山区河流具有多种微地貌，通常会形成许多像阶梯深潭、浅滩深槽或团簇的卵砾石群体结构（Wang et al.，2004；Lamarre et al.，2008；刘怀湘等，2012）。水流流动沿侧向和流向变化剧烈，如阶梯深潭处急缓流交替、侧向垂向水流分离，自由水面变化大，掺气现象严重，同时受泥沙颗粒运动诱发的尾迹涡的影响（Nowell et al.，1979；Schmeeckle et al.，2003），水流非恒定性强，边界层未能充分发展。这些复杂的河床结构和形态，导致山区河流阻力相比平原河流具有多种形成机制（王党伟等，2012）。

山区河流中细小颗粒在基流下即可运动，但大粒径卵砾石仅在洪水情形下才会起动，泥沙运动分选性强，运动机理非常复杂，跨越多个时间尺度（Yager et al.，2007）。在相近水流及河床边界条件下，推移质输沙率有几个数量级的波动（Bathurst，1978；Rickenmann，2001；马宏博等，2013）。由于河床结构对水流能量的消耗及对颗粒起动临界切应力的影响，传统的推移质理论与经验知识在应用到山区卵砾石河流推移质运动领域的研究中时会面临困难（Yager et al.，2007）。

自 20 世纪 30—40 年代以来，许多学者就开始了对平原河流的各项研究工作，目前平原河流的研究成果已经十分丰富和成熟，而山区河流由于其区别于平原河流的独特特点，研究工作仍处于经验阶段。对比平原河流的特点，分析山区河流的特性，对于理解山区卵砾石河流阻力及输沙特性和定量化研究至关重要。

1.2.2 山区河流阻力研究

从水流阻力的物理本质及研究历程来看，目前平原河流的阻力成果多是在普朗特及卡门理论的基础上得到的，适用于二维恒定均匀流情况，平原河流水深大，比降平缓，边界变化缓慢，能量变化相对较小，可近似看作二维恒定均匀流情况。但是山区河流比降大，水深与泥沙特征粒径往往在同一量级，沿程变化剧烈，边界层不能充分发展，与普朗特及卡门理论工作的假设并不相符，因此沿用平原河流的阻力关系式结构从本质上来说是存在问题的。为了探索形态阻力的物理来源，Giménez-Curto et al.（1996）和 Nikora et al.（2007a，2007b）等研究者研究了边界扰动情形下雷诺方程的空间平均，经过化简并对比雷诺方程和时空双平均的 NS 方程，可以发现时空双平均的 NS 方程中流体切应力项中多了由于边界扰动产生的空间速度附加切应力项。该项的模化与具体应用仍然是难题，但是该项的提出对于理解形态阻力物理来源，分析求解山区河流阻力提供了更具细节的物理图景。

1.2.2.1 阻力研究的一般性方法

通常来说，河流阻力一般采用阻力系数 n、谢才系数 C_z、达西系数 f 来表达，它们之间的变换关系如下：

$$\frac{V}{u_*} = \sqrt{\frac{8}{f}} = \frac{C_z}{\sqrt{g}} = \frac{1}{n}\frac{R^{1/6}}{\sqrt{g}} \tag{1.1}$$

式中：V 为水流平均流速；u_* 为摩阻流速；R 为水力半径；g 为重力加速度。

目前，阻力的研究方法主要可以分为综合阻力系数法和阻力分解法。从研究进展看，综合阻力公式主要是在 Manning-Strickler 公式（1923）以及 Keulegan 公式（1938）基础上进行一些变形修正，公式见式（1.2）、式（1.3），以此建立综合阻力系数与水流、泥沙特征等参数之间的关系。

$$n = \frac{K_s^{1/6}}{A} \tag{1.2}$$

式中：A 为与床面形态消长有关的系数；K_s 为粗糙高度。

$$\sqrt{\frac{8}{f}} = \frac{1}{\kappa}\ln\left(11\frac{R}{K_s}\right) \cong 8.1\left(\frac{R}{K_s}\right)^{1/6} \tag{1.3}$$

式中：κ 为卡门常数，通常取值为 0.41。

阻力分解的思想由来已久，其实质就是根据紊动产生的根源对阻力来源进行划分并归类。通常来说，研究者将床面总阻力 τ 划分为肤面阻力 τ' 及形态阻力 τ''，其他一些研究者（Ashida et al.，1972；Parker，2008；周志德，1983）认为还存在由于泥沙运动所造成的附加水流切应力 τ'''，并认为阻力分解应满足：$\tau = \tau' + \tau'' + \tau'''$。具体实现有水力半径分解法（Einstein 和 Barbarossa，1952）和 Engelund 能坡分解法。水力半径及能坡分解公式分别如下：

$$\tau = \tau' + \tau'' \Rightarrow \gamma RS = \gamma R'S + \gamma R''S \Rightarrow R = R' + R'' \tag{1.4}$$

$$S = \frac{h_f}{L} = \frac{h_f' + h_f''}{L} = \frac{h_f'}{L} + \frac{h_f''}{L} = S' + S'' \tag{1.5}$$

式中：γ 为水流重度；R' 为肤面阻力对应的水力半径；R'' 为形态阻力对应的水力半径；h_f 为河段 L 的能量损失；h_f' 为肤面阻力对应的能量损失；h_f'' 为形态阻力对应的能量损失；S' 为肤面阻力对应的能坡；S'' 为形态阻力对应的能坡。

其他一些研究者从床面等效粗糙高度 K_s 的角度去研究阻力分解。对于等效粗糙高度 K_s，当床面平整时一般建议采用几倍泥沙特征粒径来表示，不同的研究者对此给出了不同的关系。对于特征粗糙高度 K_s Rijn（1984）认为应取 $3D_{90}$，Hey（1979）建议取 $3.5D_{84}$，Millar（1999）认为应取 D_{50}。Millar（1999）认为使用不同的特征粒径（D_{35}，D_{50}，D_{84} 或 D_{90}）表示特征粗糙高度对阻力关系并不会有显著的影响，K_s 取值变化如此之大的原因在于床面形态的存在。其中 D 代表泥沙粒径，下标表示小于该粒径泥沙所占质量百分比。

当床面有床面形态发育时，边界可动，粗糙高度 K_s 则与床面形态尺度有关。Rijn（1984）将床面粗糙高度 K_s 分解为沙粒粗糙高度 K_s' 和床面形态粗糙高度 K_s''，并认为 $K_s = K_s' + K_s''$。对于等效沙粒粗糙高度 K_s'，则认为其应采用几倍泥沙特征粒径表示；对于等效床面形态粗糙高度 K_s''，一般认为其与床面形态几何尺度有关系。对沙波（波高 δ、波长 l）来说，Rijn（1982）给出如下计算式：$K_s'' = 1.1\delta[1 - \exp(-25\delta/l)]$。

总的来说，上述各阻力分解方法本质上已经认为阻力各组分之间相互独立。但考虑到不同组分的形成机理，是有可能互相影响的。因此还需要从阻力各组分产生的物理本质出发探索各组分之间的相互作用关系，为阻力分解的应用提供理论支撑。

对于有推移质运动情况下的水流阻力，必须要考虑泥沙运动对于水流阻力的影响，Recking（2009）认为动床床面等效粗糙高度 K_s 与推移质输移强度有关，随着推移质输移强度的增加，K_s 由床沙代表粒径 D 逐渐增大到 $2.6D$。Whiting 和 Dietrich（1990）提出在尼古拉兹粗糙高度基础上加入一个推移质层高度的修正，得到新的粗糙度参数用以计算水流阻力。Wiberg 和 Rubin（1989）类比垂向涡黏性系数，提出了一个垂向流速分布的表达式，用以计算泥沙输移层的厚度。

1.2.2.2 山区河流阻力研究现状

与阻力研究的一般性方法类似，山区河流阻力研究通常也按照综合阻力法和阻力分解法来进行。

山区河流综合阻力系数的求解方法一般分为两种。第一种借鉴平原河流的阻力研究成果，采用局部近似恒定均匀流假定，考虑山区河流水流流动特性，在平原河流阻力公式结构的基础上进行修正（Katul et al.，2002；Ferguson，2007），以相对水深（R/K_s）、颗粒弗劳德数 $[V/(gD_{84})^{0.5}]$、特征流量 $[q/(gD_{84}^3)^{0.5}]$ 等无量纲数作为参数的指数或对数型经验公式；另一种为以 Rickenmann（1994）为代表的无量纲参数回归法，以 $Q^{1/3}/(g^{1/6}D_{90}^{5/6})$ 和比降 S 作为独立变量，基于实测数据回归的方法建立依赖变量 $V/(gD_{90})^{1/2}$ 与两个独立变量之间的经验关系。其中 q 为单宽流量，Q 为流量。两种方法均依赖实测室内或野外水流泥沙数据。

由于山区河流空间流动的非均匀性，众多研究者都认识到在山区河流中采用以往的断面水力要素去研究阻力问题的不足之处，因此尝试以空间河段作为新的研究对象，通过使用河段平均的各水力要素而非断面水力要素来研究山区河流的阻力。吴修广等（2001）在研究山区河流二维水流数值计算中，认为应从二维的视野出发去考虑山区河流阻力问题。Comiti et al.（2007）通过野外观测，获得了河段平均的各水力要素（水深、流速、坡降等）实测值，用以描述河段平均水流阻力，得到了河段平均的阻力经验关系式。Smart et al. (2002) 将单位床面投影面积上的水体体积定义为体积水力半径，借以表达研究河段非均匀粗糙及不连续水面的影响；Yager et al. （2007）以河段水体体积除以相应河床床面投影面积来作为平均水深，并通过该重新定义的平均水深考虑了不可动颗粒对推移质运动的影响。类似地，Yang （2013）将单位湿周面积上的水体体积定义为体积水力半径，并将阻水物体后形成的死水区水体体积与河段水体体积之比定义为新的相对粗糙高度。

山区河流的阻力分解在思想上仍然使用阻力分解的一般性方法，将综合阻力按其物理来源分为若干部分，再进行线性叠加。Wilcox et al. （2006）研究了阶梯深潭河段的阻力分解，并将综合阻力划分为沙粒阻力、由于阶梯溢流产生的溢流阻力以及由于大型浮木产生的阻力，深入研究表明这些阻力成分并不能完全区分开，它们之间存在相互作用，但进一步的量化还存在困难。Ferguson （2012）将综合阻力划分为基础阻力及附加阻力两部分，其中基础阻力即直接作用于泥沙颗粒的肤面阻力，附加阻力即对输沙不起作用的形态阻力。具体分解方法通常仍为水力半径或者能坡分割的方法，已有成果综述表明在山区河流中水力半径分割法应用较为广泛。在具体求解肤面阻力对应的水力半径时，众多研究者（Bray，1979；MacFarlane et al.，2003；Wilcox et al.，2006；Ferguson，2012）都表明可以使用 Manning - Strickler 公式（1923）以及 Keulegan （1938）公式来估计山区卵砾石河流中的肤面阻力部分。

对于山区河流的等效粗糙高度 K_s 的表示，许多研究者如 Ferguson （2007）和 Smart et al. （2002）等都认为由于山区河流通常会发育形成阶梯深潭、浅滩深槽等微地貌，山区河流的粗糙高度应该与河床微地貌的统计特性相关，而不是仅仅与泥沙特征粒径相关。Macfarlane et al. （2003）用河床纵剖面曲线的曲率表示床面粗糙程度。Aberle 和 Smart （2003）用河床纵剖面曲线高程的标准差表示床面粗糙程度。张康等 （2012）用河床纵剖面曲线的起伏程度定义参数 S_P 表示床面粗糙程度。Robert （1991），Nikora et al. （1998）及 Qin 和 Ng （2012）分别使用半方差方法分析沙质、卵砾石河床纵剖面曲线、卵砾石河床表面高程场等，以研究床面分形特征（沙粒尺度粗糙与床面形态粗糙），并通过提取特征参数尝试建立与阻力的关系。

由于山区河流水流流动及河床边界的复杂特性，山区河流的阻力研究必须从多种角度与方法去量化床面复杂的形态特征，深入考虑局部空间非均匀性对流动细节产生的影响，尝试表达时空双平均的 NS 方程中空间速度附加切应力项的影响。

表 1.2 对现有的综合阻力公式进行了简单综述。

表 1.2 综合阻力公式介绍

公 式	出 处
$\sqrt{8/f} = 8.3(R/D_{90})^{1/6}$	Strickler（1923）
$\sqrt{8/f} = 6.25 + 5.75\lg(R/D_{50})$	Keulegan（1938）
$\sqrt{8/f} = 6.25 + 5.75\lg(R/3.5D_{84})$	Hey（1979）
$\sqrt{8/f} = 4 + 5.62\lg(R/D_{84})$	Bathurst（1985）
$\sqrt{8/f} = a_1 a_2 (R/D_{84})/\sqrt{a_1^2 + a_2^2(R/D_{84})^{5/3}}$，$a_1 = 6.5$，$a_2 = 2.5$	Ferguson（2007）
$\sqrt{8/f} = 0.91R/s$，s 为床面曲线高程标准差	Aberle 和 Smart（2003）
$V = 1.3g^{0.2}S^{0.2}q^{0.6}D_{90}^{-0.4}$	Rickenmann（1991）
$1/n = 2.73g^{0.49}Q^{0.03}/S^{0.08}D_{90}^{0.24}$，$S$：$0.0085\% \sim 0.8\%$	Rickenmann（1994）
$1/n = 0.56g^{0.44}Q^{0.11}/S^{0.33}D_{90}^{0.45}$，$S$：$0.8\% \sim 63\%$	
$\sqrt{8/f} = 4.19(R/D_{84})^{1.8}$	Lee 和 Ferguson（2002）
$V = 0.073Q^{0.64}$	Wilcox et al.（2006）
$\sqrt{8/f} = 4.416\left(\dfrac{R}{D_{84}}\right)^{1.904}\left[1 + \left(\dfrac{R}{1.283D_{84}}\right)^{1.618}\right]^{-1.083}$	Rickenmann 和 Recking（2011）

图 1.1 给出了表 1.2 中的部分代表公式的结果。可以看出，在深水区各个阻力方程结果相差不大，曲线较为聚拢，在浅水区域则较为分散。其原因在于上述阻力方程的理论基础及公式结构均是建立在 Keulegan（1938）明渠湍流对数流速公式基础上，因此在深水区各个阻力方程结果相差不大。但在浅水区时，由于山区卵砾石河流的复杂边界以及水流特性的不同，各个阻力方程有了偏差。目前以相对粗糙高度为参数的阻力公式都不能很好地表达山区河流的阻力关系。

1.2.3 床面形态/结构

山区或平原河流中单颗粒泥沙或以推移或以悬移的形式随水流运动，推移泥沙与床面之间的交互作用非常频繁且十分重要。在水流作用下，群体颗粒泥沙的推移运动在河床表面上会具有不同的行为表现，这种群体推移行为最终会呈现出不同类型的床面形态/结构。床面形态/结构随着水流条件的变化而发生演变，并反作用于水流条件，相互影响，相互适应。

宏观上来说，由于水沙特性不同，山区与平原河流发育有不同类型的床面形态/结构。山区河流往往发育有阶梯-深潭、浅滩-深槽、卵砾石团簇结构等；而平原河流则发育有沙纹、沙波、逆行沙波、急滩与深潭等形态。

平原河流床面形态发育类型与水流流态、颗粒雷诺数、弗劳德数等参数密切相关（钱宁等，1983）。沙纹形态的波长为 10cm 数量级、波高为 1cm 数量

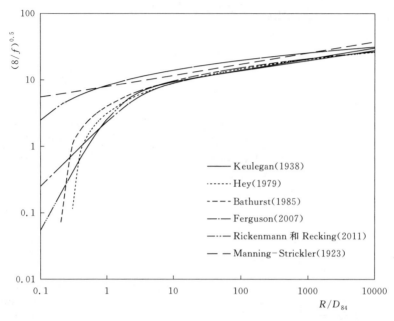

图 1.1　部分代表阻力公式对比图

级，主要发育在床面泥沙特征粒径小于 0.6mm 的条件下。沙波是平原沙质河流比较常见的床面形态，在卵砾石河床中也有可能出现，其波长可达 100m 数量级、波高为 1m 数量级，主要发生在缓流条件下。逆行沙波通常发生在高弗劳德数条件下，在沙质河流及卵砾石河流下均可能发育。Engelund 和 Hansen（1967）等众多研究者都对不同水流及床沙条件下床面形态发育类型作了研究，并绘制了床面形态相图，此处不作赘述。

　　山区河流发育的河床结构与河流比降 S 关系密切。Montgomery 和 Buffington（1997）调查了不同比降的山区河流中发育的河床结构类型，结果表明当河流比降小于 1.5% 时，主要发育有浅滩-深槽；当比降在 1.5%～3% 之间时，主要发育为平整床面；当比降在 3%～6.5% 之间时，主要发育为阶梯-深潭结构；当比降大于 6.5% 时，会形成阶梯级的层叠小瀑布结构，其与阶梯-深潭的主要区别在于它的深潭结构发育并不充分（Comiti et al.，2007）。其他一些研究者专门对阶梯-深潭发育的山区河流进行了调查，发现其比降范围较宽。Lee 和 Ferguson（2002）在野外实测了 6 条含有阶梯-深潭的河段，比降范围在 3%～18%。Comiti et al.（2007）发现含阶梯-深潭的河段其比降范围在 10%～18%。Chin（1999）发现比降范围在 4%～12% 之间。Wilcox et al.（2006）认为在比降 2%～20% 范围内均可能产生阶梯-深潭结构。总之，Montgomery 和 Buffington（1997）给出的河流比降范围值是相应河床结构容易发育的范围，但是河床结构发育不仅仅和比降相关，同样的河流比降下可能发育有不同类型的河床结构。

山区卵砾石河流中大粒径泥沙颗粒直接构成了河床结构，大粒径泥沙与河床结构尺寸在同一数量级（Chin，1989、1999；Yager et al.，2007）。大粒径泥沙是河床结构（如阶梯-深潭、梯级层叠小瀑布等）形成发展的控制节点，是河道形态、地貌演进过程中的关键因素，其直接构成的河床结构是水流能量耗散的主要源头。而平原沙质河流中床面泥沙特征粒径远小于床面形态尺度，床面形态是形态阻力的物理来源，是消耗水流能量的主要源头。

因此，众多研究者都采用了不同的数学方法对床面形态/结构的地形场（曲线）进行描述，以探究平原沙质河流及山区卵砾石河流的床面形态/结构的床面特征及统计特性。Robert（1988）采用二阶结构函数，计算了沙质河流床面形态及卵砾石河流河床结构的地形场的半方差图。沙质河流床面形态地形场的半方差图的最大特点，为半方差曲线在该床面形态地形场的方差值附近呈周期性振荡。在发生周期性振荡之前，半方差值随空间取样间隔的增加呈指数函数增长，这种增长可看作叠加在周期性振荡过程上的随机成分。也就是说，沙质河流的床面形态发育由其波高、波长构成的周期性控制组分和指数型随机组分叠加而成。卵砾石河流的河床结构地形场的半方差图具有完全不同的特性，半方差值与空间取样间隔呈现出两段不同斜率的对数线性关系，分别代表着沙粒粗糙和小尺度形态粗糙，出现这种斜率分段的原因在于水流长时期作用下床面泥沙颗粒的群体聚集行为。两种尺度的粗糙特征意味着在当前拐点对应的空间取样间隔尺度范围之外，床面粗糙中这种小尺度的床面形态粗糙开始起控制作用。Nikora et al.（1998）以及 Qin 和 Ng（2012）同样对卵砾石河流地形场进行了半方差图分析，得到了类似的结论。

可见，平原沙质河流与山区卵砾石河流的床面形态/结构在发育过程、影响因素、分形特征及统计特性上完全呈现出不同的特性，这对于加深山区河流阻力与推移质运动的理解提供了良好的切入点。

1.2.4 推移质运动

推移质运动在自然河流中广泛分布，在河床稳定性分析、水库泥沙沉积及大坝下游河床形态响应模拟、河流生态系统修复及洪水风险评估等方面具有非常重要的作用（韩其为等，1999）。

1.2.4.1 推移质输沙率

一般来说，均匀沙推移质运动方程都可写为下式：

$$q_b^* = q_b^* (\tau^* - \tau_c^*) \tag{1.6}$$

$$q_b^* = q_b / [(\gamma_s - \gamma) D / \rho]^{0.5} D \tag{1.7}$$

$$\tau^* = \tau / (\gamma_s - \gamma) D \tag{1.8}$$

式中：q_b^* 为 Einstein 无量纲输沙强度参数；τ^* 为无量纲水流强度参数；τ_c^* 为颗粒起动的无量纲临界切应力；q_b 为单宽体积输沙率；ρ 为水流密度；γ 为水流重度；γ_s 为泥沙颗粒重度；τ 为水流切应力；D 为均匀沙粒径。

众多研究者深入研究了均匀沙推移质运动特性（钱宁等，1983）。根据研究方法的不同，主要可以概括为四类：①基于大量室内及野外试验工作的推移质输沙率公式，如 Meyer - Peter （1948）公式，该公式时至今日仍然广泛应用；②基于推移质颗粒受力分析的理论工作，如 Bagnold 公式（1966）；③将推移质运动的随机理论与力学方法相结合的工作，如 Einstein 公式（1950）；④借鉴 Einstein 或 Bagnold 的研究方法，并结合量纲分析、实测资料率定等方法的研究工作，典型代表为 Yalin 公式（1977）等。一般来说，上述四类公式都可转化为 Einstein 输沙强度参数 q_b^* 与其水流强度参数 $\Psi (\Psi = 1/\tau^*)$ 之间的函数关系。实测资料对比表明，在低强度输沙时，Meyer - Peter 公式较Einstein 公式略好，中强度输沙时结果恰好相反，Bagnold 公式在中强度泥沙输移时稍微偏大；各公式之间的差别主要反映在高强度泥沙输移时，Meyer - Peter、Bagnoload 及 Yalin 公式的输沙强度 q_b^* 与水流参数 $1/\Psi$ 成接近 1.5 次方的指数函数关系，而 Einstein 公式指数等于 1。

相比于均匀沙推移质运动，非均匀沙推移质运动由于不同大小颗粒之间的相互影响，其输移特性变得更加复杂。在具体解决非均匀沙推移质运动问题时，根据研究需要的不同，可以分为两种情况：①计算非均匀沙推移质总体输沙率；②将非均匀沙进行 n 个粒径分组，计算每个粒径分组 D_i 的推移质输沙率。

对于非均匀沙总体推移质输沙率的计算，通常仍然使用均匀沙推移质输沙率公式，只是将公式中的均匀沙粒径替换为非均匀沙床沙代表粒径。Einstein（1950）通过实测资料发现 D_{35} 使用时表现较好，Meyer - Peter（1948）建议使用床沙的代数平均粒径。研究结果表明，在中低强度输沙时，代数平均粒径似结果更好，高强度输沙时二者几无差别，原因在于当水流强度远大于颗粒起动的临界水流强度时，各级粒径起动已经并没有区别。

当需要计算分组推移质输沙率时，通常可采用下式：

$$W_i^* = W_i^* (\varphi) = W_i^* (\tau / \tau_{ci}) \tag{1.9}$$

式中：$W_i^* = (\rho_s - \rho) g q_{bi} / [f_i \rho (\tau/\rho)^{1.5}]$ 为无量纲分组推移质输沙率；φ 为无量纲水流切应力；τ_{ci} 为 D_i 粒径分组的临界水流切应力；q_{bi} 为 D_i 粒径分组的单宽体积推移质输沙率；f_i 为表层床沙中 D_i 粒径分组所占体积百分比。

研究非均匀沙各个分组粒径的推移质输沙率时，必须要考虑非均匀沙不同粒径颗粒之间相互作用的影响。相比于同等粒径颗粒组成的均匀床沙，非均匀床沙中细颗粒会变得难以起动，而粗颗粒会变得易于起动，这种粗细颗粒之间的相互影响通常被称之为细颗粒受到的遮蔽及粗颗粒的暴露作用（Egiazaroff，1965；Parker 和 Klingeman，1982；杨美卿等，1998；刘兴年等，2000；白玉川等，2013）。解决非均匀沙推移质运动相互影响问题的方法大概可以归结为两类，一是以 Einstein 和 Chien（1953）为代表，通过考虑非均匀沙颗粒受到的不同程度的隐蔽作用，直接对 Einstein 均匀沙推移质运动理论进行的修正；二是通过寻找经验或理论的遮蔽函数模型，描述非均匀床沙不同颗粒之间的遮蔽与暴露作用，并将其应用到基于力学分析或资料率定的推移质方程中（式1.7）。

1.2.4.2 遮蔽函数

遮蔽函数 η_i 通常定义为非均匀沙中第 i 个粒径组的参照切应力 τ_{ri} 与该粒径组均匀沙的参照切应力 τ_{ri0} 之比，表示由于床沙的非均匀性，非均匀沙中各个粒径组的参照切应力 τ_{ri} 相比于对应粒径均匀沙参照切应力 τ_{ri0} 的增大或减小。其中，参照切应力 τ_{ri} 是泥沙颗粒临界起动剪切应力 τ_{ci} 的近似，定义为当无量纲推移质输沙率 W_i^* 取一个很小但是可测量的参照值 0.002 时的床面剪切应力值（Parker 和 Klingeman，1982），下标"0"代表对应变量的均匀沙情况。

Egiazaroff（1965）以作用在颗粒上的水流流速等于颗粒在静水中的沉降速度作为该颗粒处于临界起动状态的条件，并基于对数流速分布求解作用在颗粒上的水流流速，得到第一个可用的遮蔽函数模型。许多研究者（Parker，2008）借鉴 Egiazaroff（1965）遮蔽函数公式结构，并进一步建议了以相对粒径为参数的指数形式遮蔽函数：

$$\tau_{ri}/\tau_{rm} = (D_i/D_m)^c \tag{1.10}$$

式中：τ_{rm} 为非均匀沙表层床沙几何平均粒径 D_m 的参照切应力；c 为指数，取值为 0~1，反映了粒径分选特性，$c=1$ 时表示颗粒之间的起动状态互不影响，$c=0$ 则表示等可动性起动模式，即所有粒径颗粒均在同一水流条件下起动。

通常来说，τ_{ri} 一般是通过使用参考切应力法（Parker 和 Klingeman，1982）处理实测资料得到的，τ_{rm} 和 c 是通过率定 τ_{ri} 与 D_i/D_m 的关系确定的。Buffington 和 Montgomery（1997）调查了以往的研究，发现对于野外河流来说，基于表层床沙的 c 值为 0.02~0.35，τ_{r50}^* 在 0.033~0.087 的范围内；对于室内水槽试验来说，基于表层床沙的 c 值为 0~0.68，τ_{r50}^* 在 0.019~0.072 的范围内。Parker（2008）发现，对于野外河流，基于表层床沙的 c 值为 0.10~0.35 时，其平均值为 0.19。Brue et al.（2015）发现对于野外河流 c 为 0.02~0.40，τ_{r50}^* 在 0.03~0.212 范围内。显然，τ_{rm}^* 和 c 在野外河流及室内

水槽中具有不同的取值范围，且变化较大，其内在机理需要深入探讨。本质上，参数 τ_{rm}^* 和 c 反映了水流阻力与推移质运动的内在关联性，其取值的变化可能由水流流态的变化决定。

Wilcock（1998）通过试验发现，表层床沙中的沙粒（粒径小于 2mm）含量对于卵砾石泥沙颗粒起动有非线性影响。这种非线性影响可能来源于河床形态随沙粒含量变化进行的调整；随着沙粒含量增加，由团簇卵砾石支配的河床形态会逐渐转变为嵌有卵砾石的沙质河床。Wilcock et al.（2003）基于水槽试验数据给出了遮蔽函数中参数 τ_{rm}^* 和 c 的经验关系式：

$$c = \frac{0.67}{1 + \exp(1.5 - D_i/D_m)} \tag{1.11}$$

$$\tau_{rm}^* = 0.021 + 0.015\exp(-20F_s) \tag{1.12}$$

式中：F_s 为表层床沙中沙粒含量；τ_{rm}^* 即包含了沙粒含量对卵砾石泥沙颗粒起动的非线性影响。与前人研究不同的是，参数 c 与 D_i/D_m 有关，随着 D_i/D_m 的变化，c 的取值范围为 1/8～2/3，该区间落在 Buffington 和 Montgomery（1997）调研得到的室内水槽的 c 值取值范围里。Gaeuman et al.（2009）评估了 Wilcock 和 Crowe（2003）遮蔽函数模型在野外卵砾石河流中的适用性，发现会低估粒径大于 128mm 的泥沙颗粒的输沙率；为最大程度模拟实测数据，他们对 Wilcock 和 Crowe（2003）遮蔽函数模型进行了重新率定。可见，一个具备物理机理且能覆盖水槽与野外数据的通用遮蔽函数模型是亟须解决的问题。

从泥沙颗粒起动的力学机制上去推求遮蔽函数的研究可大致分为两类。一类与 Egiazaroff（1965）研究方法类似，许多研究者（Yang et al.，2010；秦荣昱等，1996；韩其为等，1999；白玉川等，2013；陈有华等，2013；邢茹等，2016；张根广等，2016）通过颗粒暴露度等颗粒位置信息来建立颗粒处于临界起动状态时的受力或力矩平衡方程式。他们将颗粒的临界起动状态与河床近底水流流态关联起来，并通过指数或对数型流速分布将近底的局部水流条件转化为平均水流条件。但是，这种方法忽略了近底流场可能改变，因此难以解释遮蔽函数模型中参数 c 的变化。另一类为 Duan 和 Scott（2007）研究方法，这是从力学理论上近似推导遮蔽函数的方法。为推求非均匀沙遮蔽函数，Duan 和 Scott（2007）提出了非均匀沙床面总体切应力在各个粒径分组上的分配模型，他们假设作用在非均匀沙 D_i 粒径组上的切应力等于与非均匀沙床面上水流具有同样水深、流速的水流作用在 D_i 粒径颗粒均匀沙床面上产生的水流切应力。Duan 和 Scott（2007）遮蔽函数模型不仅与床面泥沙组成有关，同时与水深直接相关。但是，由于非均匀沙床面各个均匀沙粒径分组在水流作用下会进行自动调整，以产生最优床面配置，因此将同样水流流态作用下各粒径均匀沙床面上的水流切应力直接叠加可能并不是非均匀沙床面真正的床面切应力。

从水流阻力分解的思想看，当床面发育有床面形态/结构时，肤面阻力对泥沙输移起主导作用，形态阻力仅消耗水流能量，因此在计算输沙率时应将形态阻力部分剔除。Ferguson（2012）提及使用肤面阻力抑或是总阻力来计算推移质输沙率都是可以的，只要推移质输沙率方程中的临界起动切应力（参照切应力）中包含床面形态/结构这一部分阻力的余量。也就是说，使用总阻力计算推移质输沙率时的临界起动切应力要比使用肤面阻力计算推移质输沙率时的临界起动切应力大。Schneider（2015）以大量实测数据为基础，分别使用肤面阻力和总阻力作为水流参数求解推移质输沙率，研究结果表明，使用总阻力作为水流参数时，推移质输沙率的预测精度更高。可能的原因在于野外河流阻力成分复杂，肤面阻力的求解并不精确。

表 1.3 汇总了基于表层床沙的若干代表性遮蔽函数公式。图 1.2 绘制了表 1.3 中的遮蔽函数情况。除 6 个典型遮蔽函数之外，图中还绘制了参数 $c=0$ 时的等可动起动模式以及 $c=1$ 时的不同粒径颗粒独立起动模式。

表 1.3　　　　　　　　基于表层床沙的若干代表性遮蔽函数公式

公　式	出　处
$\dfrac{\tau_{ri}}{\tau_{rm}} = \dfrac{D_i}{D_m}\left[\dfrac{\lg 19}{\lg(19D_i/D_m)}\right]^2$	Egiazaroff（1965）
$\dfrac{\tau_{ri}}{\tau_{rm}} = \begin{cases} 0.843 & \left(\dfrac{D_i}{D_m} \leqslant 0.4\right) \\ \dfrac{D_i}{D_m}\left[\dfrac{\lg 19}{\lg(19D_i/D_m)}\right]^2 & \left(\dfrac{D_i}{D_m} > 0.4\right) \end{cases}$	Ashida 和 Michiue（1972）
$\tau_{ri}/\tau_{rm} = (D_i/D_m)^{0.35}$	Ashworth 和 Ferguson（1989）
$\tau_{ri}/\tau_{rm} = (D_i/D_m)^{0.1}$	Parker（1990）
$\dfrac{\tau_{ri}}{\tau_{rm}} = \left(\dfrac{D_i}{D_m}\right)^c,\quad c = \dfrac{0.67}{1+\exp(1.5 - D_i/D_m)}$	Wilcock 和 Crowe（2003）

正常情况下，非均匀沙颗粒起动特性应介于等可动性模式与粒径独立模式之间。Ashworth 和 Ferguson（1989）及 Parker（1990）的遮蔽函数公式指数 c 为常数，因此呈对数线性关系。Ashida 和 Michiue（1972）及 Wilcock 和 Crowe（2003）的遮蔽函数公式指数 c 不为常数，以 $D_i/D_m = 1$ 为界，近似呈两段不同斜率的对数线性关系。Duan 和 Scott（2007）遮蔽函数公式形式此处没有介绍（见 3.3.1 节），其遮蔽函数公式的计算依赖具体数据，图 1.2 中的 Duan 和 Scott（2007）遮蔽函数曲线是以 Wilcock et al.（2001）的室内水槽试验数据为基础计算并绘制的，然而该曲线在 $D_i/D_m > 1$ 后，随着相对粒径

D_i/D_m 的增加，τ_{ri}/τ_{rm} 出现减小的趋势。这与颗粒起动的通常认识有矛盾：虽然细颗粒受到的遮蔽作用及粗颗粒的暴露作用会使得细颗粒的临界起动切应力增加、粗颗粒的临界起动切应力减小，但是细颗粒仍然比粗颗粒易于起动。

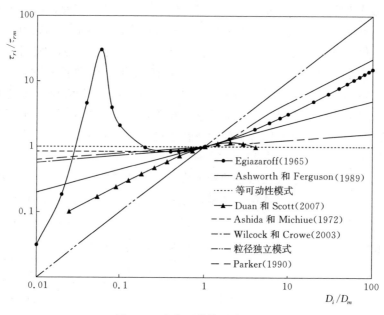

图 1.2　遮蔽函数模型验证图

1.2.5　阻力、床面形态与推移质运动作用关系

自然河流中，水流作用在泥沙颗粒上使其以推移或悬移的形式运动，推移质泥沙颗粒在床面上的集体行为会产生不同类型的床面形态/结构。这些床面形态/结构随水流条件的变化而发育、演变并反过来影响水流流动，改变推移质输沙率。根据水流阻力不同的物理来源，可将其分解为肤面阻力及形态阻力，肤面阻力与推移质运动直接相关，形态阻力主要消耗在床面形态/结构上。总的来说，水流阻力、床面形态与推移质运动三者之间相互作用、不可割裂，向着动态平衡的方向不断演进。

一些研究者聚焦于自然河流推移质颗粒起动的临界剪切应力与河流比降之间的关系，由于河流比降与河床结构发育直接相关，因此这个问题实质上也是在探讨不同类型及发育程度的河床结构下的水流阻力特性与推移质运动之间的关系。Bathurst et al.（1981）、Buffington 和 Montgomery（1997）以及 Shvidchenko 和 Pender（2000）等认为颗粒临界起动切应力随比降增加而增加，并将其归因于比降增加导致的相对水深（h/K_s）减小从而造成的水流阻力增加。Lamb et al.（2008）及 Recking（2009）通过建立考虑近底局部流场特性的床面颗粒受力模型，从理论上解释了这一现象。上述研究着眼于微观颗粒尺度上的力学特性，Ferguson（2012）从总体水流运动特性的角度出发研究该问题，通过阻力分解的方法得出类似的结论。需要指出的是，上述研究都没有考虑上游来沙情况对颗粒起动的影响，关注的均是泥沙补给不充分或者无补给的山区卵砾石河流。

许多研究者已尝试定性探索水流阻力、床面形态/结构与推移质运动三者之间的关系。余国安等（2009）通过在西南山区吊嘎河的野外试验研究发现，推移质输沙率受水流条件、上游来沙量、来沙强度及其组成等多因素的影响，难以通过单一条件进行量化；床面上大颗粒的输移主要取决于水流条件，而细小推移质的输移则取决于上游来沙条件。Wang et al.（2004）以及 Yu et al.（2012）等研究了非充分补给下阶梯-深潭的形成及其对水流泥沙输移的作用，其野外试验数据表明阶梯-深潭越发育，水流阻力越大，推移质输沙率越小。徐江等（2004）通过水槽试验模拟了在不同的水流条件、床沙级配、河床比降及上游加沙情况下阶梯-深潭的发育过程，探讨了阶梯-深潭发育程度与水流阻力、河床比降及推移质输沙率之间的关系；试验结果表明，阶梯-深潭的发育过程是在河床强烈冲刷的情况下，自身不断演变以增加水流阻力与对水流能量的耗散，使推移质输沙率减小，自身最终变得稳定的过程；也就是说，随着阶梯-深潭的逐渐发育，水流阻力增加，水流能量耗散增加，即是形态阻力增加，而肤面阻力逐渐减小，才使得推移质输沙率逐渐减小，最终达到稳定的河床结构。Recking et al.（2008）进行了陡坡条件下均匀卵砾石输沙的室内水槽试验，获得了推移质输沙平衡阶段下的 143 组水流泥沙实测数据；试验结果表明，平整床面上是否存在推移质运动对水流阻力的影响将显著不同；当有强烈的推移质运动时，等效粗糙高度可达清水定床条件下的 2.5 倍；试验过程中，床面会逐渐由平整状态，变为波动起伏状态，并再次转变为平整床面，此时推移质输沙率一直在增加，达西阻力系数 f 也达到试验过程中的最大值，其原因在于推移质运动层的能量耗散。曹叔尤等（2016）认为泥沙补给情况是影响山区河流推移质运动过程的关键因素，并根据不同的来沙条件对推移质运动特征进行分类：当上游补沙不足时，由于水流冲刷床面会进行自动调整，推移质运动表现行为与 Wang et al.（2004）研究类似，随着床面粗化程度增加，推移质输沙率逐渐减小；在上游来沙充足时，尚缺乏试验数据及理论模型；对于粗化层或者床面形态/结构破坏再发展的情形，会出现推移质输沙率的突变现象，过程更加复杂。

总的来说，推移质运动受水流阻力特性的影响，水流阻力特性又与床面形态/结构的发育密切相关，而上游泥沙补给情况则影响着床面形态/结构的发育。

1.3　科学问题

现阶段，关于山区河流的阻力及推移质运动的试验及理论研究都有了不少进展，但是仍然存在一些关键性难题。

（1）现有的阻力方程式难以体现河段边界空间不规则、不均匀而导致的水流流动的非均匀性，需要构建基于河段水力要素的阻力方程式。

Nikora et al.（2007a、2007b）的理论研究工作表明河段空间上的非均匀性会产生空间速度的附加切应力项，无论山区还是平原河流，都发育有不同类型的床面形态/结构，使得河段空间上的水流流动都有较强的非均匀性。现有的阻力方程式多是建立在恒定均匀流基础上的，通常以断面水力要素或者以河段中若干流态较好的断面水力要素的平均值作为参数，难以体现河段空间上的阻力特性。

（2）室内水槽与野外卵砾石河流推移质泥沙颗粒的临界起动切应力变化范围较大，现有的遮蔽函数模型无法解释并且将其统一描述。

室内水槽与野外卵砾石河流的推移质颗粒运动具有不同的输移模式，具体体现在遮蔽函数的指数 c 上。室内水槽与野外卵砾石河流遮蔽函数的指数 c 具有不同的取值范围，且变化区间较大。多数实测资料率定的遮蔽函数模型无法体现这种不同及其内在机理，也无法刻画水流阻力与推移质运动的内在联系。

（3）水流阻力、床面形态/结构与推移质运动相互作用与影响，但对三者之间作用关系的具体呈现的研究工作仍然不够深入。

以 Wang et al.（2004）为代表的研究工作表明，随着床面形态/结构的发育，水流阻力逐渐增加，对水流能量的耗散增加，推移质输沙率逐渐减小；Recking et al.（2008）水槽试验的结果正与之相反，随着床面形态演化，当动平整床面出现时，推移质输沙率与水流阻力都达到最大。在不同的水流条件、床沙组成以及上游加沙情况下，水流阻力、床面形态/结构与推移质运动三者间呈现出的不同关系，还需要更加深入的理论与试验工作。

1.4　研究内容及技术路线

围绕上述科学问题，本书主要研究内容包括如下三部分：

（1）建立河段平均的阻力方程式。通过定义河段空间上新的各水力要素参量，建立河段水体的受力平衡方程。对河段水力半径进行分解，分别求解对应于肤面阻力及形态阻力的河段水力半径，寻求河段空间上分别用来描述肤面阻力及形态阻力的参数，建立河段平均的阻力模型。

（2）建立可覆盖室内水槽及野外卵砾石河流的推移质颗粒起动的遮蔽函数模型。建立非均匀沙床面泥沙颗粒的受力平衡方程，考虑不同相对水深下不同的水流阻力特性及砂砾石河床的渗透性，应用修正的 Duan 和 Scott（2007）床面总体切应力的分配方法，求得非均匀沙床面各分组粒径的参照切应力公式，得到新的遮蔽函数模型。

（3）研究水流阻力、床面形态/结构与推移质运动三者间的作用关系。本书进行了室内水槽输沙试验，并在达到动态输沙平衡阶段时进行了各水力要素及床面高程场的测量工作。结合室内水槽输沙试验数据、张康（2012）野外数据及 Yu et al.（2012）野外数据分别对泥沙补给充分的水沙平衡输移阶段以及泥沙补给不充分的河床冲刷阶段的水流阻力、床面形态与推移质运动三者间的表现关系进行了论述。

本书技术路线见图 1.3。

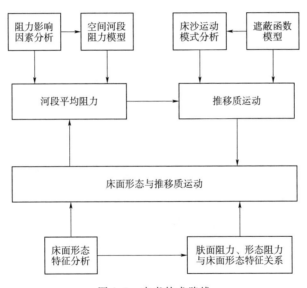

图 1.3 本书技术路线

第2章 河段平均阻力

2.1 龙溪河流域野外观测

2.1.1 龙溪河流域简介

龙溪河流域位于四川省都江堰市龙池镇，属岷江水系，年降水量为900～1300mm。龙溪河为岷江支流，于紫坪铺水库处汇入岷江。2008年5·12汶川地震波及龙溪河流域，导致部分山体开裂破碎，产生了大量崩滑体，为滑坡泥石流等地震次生灾害的发生创造了丰富的物料条件。汶川地震后，震源及周边暴发了数次山洪泥石流灾害，2010年8月13日，在75mm/h、累计降雨量达339.5mm的强降雨条件下，都江堰市龙溪河流域共约50多条泥石流沟道暴发了严重的群发性山洪泥石流灾害，估算进入河道的总固体物源量超出0.1亿m³（许强，2010），使得分布于洪水河床上的大部分房屋被全部或部分掩埋，给当地人民带来了严重的生命财产安全损失。

2.1.2 龙溪河野外试验方法

龙溪河主河道坡降为10%左右，其支流剪坪沟坡降在20%左右。现场观测主要在龙溪河主沟及其支沟剪坪沟上进行，包括若干典型断面的水力要素和典型河段的泥沙级配、河床结构强度参数测量等。现场观测共选取测量河段22个，每个测量河段长度为30～40m，其中龙溪河主沟上有15个、支流剪坪沟上有7个，龙溪河主沟及其支流剪坪沟的量测河段位置见图2.1。在每个测量河段上选取3～4个典型断面进行水力要素测量。2012年7月和9月分别进行了两次现场测量。2012年8月曾发生一场较大降雨，形成较大洪水，显著改变了河床形态，因此两次测量可认为是相互独立的测量数据。

典型断面水力要素测量包括断面水面宽 W、起点距 d_{si} 及相应铅垂线上的水深 h_i 和流速 V_i；在包含典型断面的测量河段（长30～40m）上，测量坡降 S、床沙级配与河床结构强度参数 S_P。详细测量方法见图2.2。

图2.2（a）中，在选定河段的典型断面上进行断面水力要素测量时，通常将典型过水断面划分为7～8个子部分，分别测量每个子部分的水深及流速，再进行叠加求得断面水力要素值，以确保测量精度。水深测量采用测量标杆，测量精度为

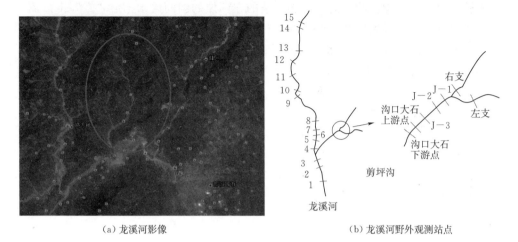

（a）龙溪河影像　　　　　　　　　　　　　　（b）龙溪河野外观测站点

图 2.1　野外观测站点示意图

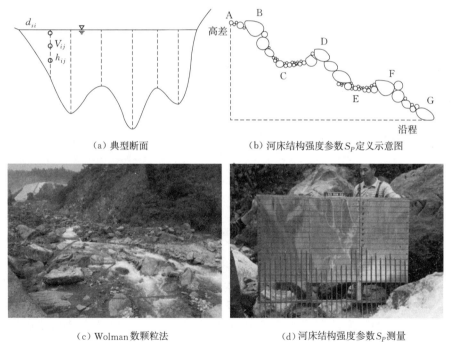

（a）典型断面　　　　　　　（b）河床结构强度参数S_P定义示意图

（c）Wolman 数颗粒法　　　　　　（d）河床结构强度参数S_P测量

图 2.2　野外观测方法示意图

1mm。流速测量采用 FP111 涡轮式数字水流速度测量仪，在进行野外测量前已进行率定，该仪器流速测量范围为 $0.1\sim6.1\mathrm{m/s}$，测量精度为 $0.03\mathrm{m/s}$。测量时，每条铅垂线上均测量 0.2 倍、0.5 倍及 0.8 倍水深处的流速，每点测量历时 1min。

图 2.2（c）中，级配测量采用 Wolman 数颗粒法，在选定的典型河段上

测量床沙粒径级配。测量时，分别匀速的在两岸的湿润河床上走"之"字，测量并记录脚尖触碰到的颗粒的中轴粒径，并将所测颗粒按 $1/2 - \varphi$ 粒径进行分组，求得级配曲线。每个测量河段约量测 200 个颗粒，实测最小颗粒粒径为 2mm。对于小于 2mm 的颗粒，认为其对山区河流阻力关系影响不大，下文中会对泥沙粒径与阻力的关系进行说明。

山区河流泥沙级配变化范围较大，粒径范围广（大到数米，小到毫米量级），且有多种不同的特征粒径表示方法，如 D_{50}、D_{65}、D_{75}、D_{84}、D_{90} 以及上述粒径的若干倍，这些特征粒径均具有一定的代表意义。在阻力的推求中，一般建议选择 D_{84} 或者 D_{90} 使用。图 2.3 为 2012 年 9 月在龙溪河主沟猪槽沟河段实测的泥沙粒径级配曲线。

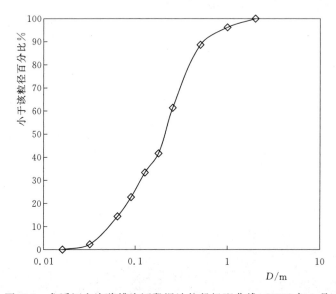

图 2.3　龙溪河主沟猪槽沟河段泥沙粒径级配曲线（2012 年 9 月）

河床结构强度参数 S_P 定义见图 2.2（b），为沿流向的河床床面曲线长度（曲线 AG）与斜直线长度（直线 AG）的比值减去 1，是刻画山区河流微地貌形态与河床结构发育程度的几何参数。S_P 采用自制河床结构测量排测量，图 2.2（d）中，通过 30 根相距 0.05m、可上下自由活动的测量钢管反映河床地形，利用拍照法记录钢管末端在背景布板投影的读数，即为河床地形的实际起伏形貌。可根据下式计算河床结构强度参数 S_P：

$$S_P = \frac{\sum_{i=1}^{m} \sqrt{(RZ_{i+1} - RZ_i)^2 + 5^2}}{\sqrt{[5(m-1)]^2 + (RZ_m - RZ_1)^2}} - 1 \qquad (2.1)$$

式中：RZ_i 为第 i 根活动钢管顶端在支撑平板上刻度的读数；m 为活动钢管数

目，即总读数的个数。

山区卵砾石河流中，存在各种河床结构，造成水流运动强烈的非均匀性，如在阶梯深潭处存在明显的急、缓流交替现象。本书研究对象为基本顺直的典型河段，在其中较易获取准确数据的缓流区域进行典型断面的水力要素观测。此外，若干基本顺直的典型河段观测组合起来，即可一定程度上考虑河道平面形态变化对水流运动的影响。

对于特定的测量断面，应用测得的断面水面宽 W、起点距 d_{si} 及相应铅垂线上的水深和流速，计算得该断面过水断面面积 A、水力半径 R、流量 Q 和断面平均流速 V。在 S_P 的测量河段（长约 40m，包含典型河床结构形态）中，选择 3~4 个断面来测量断面水力要素，通过算术平均，获得该典型河段的平均的河宽 W、过水断面面积 A、水力半径 R、流量 Q、流速 V，由阻力公式反算得阻力系数。需要指出的是，这里所使用的各水力要素均为河段平均值，反映了该河段平均的水流运动特性。从实测数据反算得到的阻力系数（曼宁系数 n 或达西系数 f）是建立在曼宁公式或其他阻力公式的基础上，代表了测量河段的阻力平均值，这与通常的洪水模型划分网格进行洪水演算的需求相一致。

2.2　测验数据分析

2.2.1　阻力影响因素分析

式（2.2）中，通常用阻力系数（如达西系数 f、曼宁系数 n 或者谢才系数 C）来描述水流阻力。

$$\sqrt{\frac{f}{8}} = \frac{n}{R^{1/6}}\frac{\sqrt{g}}{K_n} = \frac{\sqrt{g}}{C} = \frac{\sqrt{gRS}}{V} \tag{2.2}$$

式中：$K_n = 1\,\mathrm{s/m^{1/3}}$，为曼宁系数 n 的量纲。

由式（2.2）可见，阻力系数 f、n、C 可以相互转化，没有一个阻力系数在理论上存在优势，因此只能从实用角度对三个阻力系数进行定性比较说明。谢才系数 C 形式简单，历史最为长久；对于明渠定床充分发展湍流，也即阻力平方区，曼宁系数 n 和水深、雷诺数等无关，只和床面特征粗糙参数（泥沙粒径）有关，其在平原河流数值模拟中应用较为广泛；对于达西系数 f，通常被认为是和流速分布相关的点值，但是水利工作者将 f 的应用扩展到水力断面或者河段中，并认为 f 和能量的消耗直接相关。由于 f 的无量纲特性，并且是水流平均流速 V 和摩阻剪切流速 u_* 之比的平方，具有特定的物理意义，某种程度上体现了能量的耗散程度，在山区河流阻力关系研究中，研究者通常使用达西系数 f 作为阻力的度量。

许多研究者（Rouse，1965；Bathurst，1978；Bathurst et al.，1981；Thorne 和 Zevenbergen，1985；杨奉广等，2016）深入研究了山区河流阻力影响因素，并归纳出多个阻力影响因子，如：描述粗糙单元边界层发展程度的水流雷诺数；描述自由水面阻力的弗劳德数；描述床面等效粗糙高度的 K_s；描述横断面有效粗糙分布的参数；描述平面上粗糙单元分布密度的参数；以及描述由于空间不均匀造成的水流非恒定的参数。

　　以龙溪河 2012 年 7 月及 9 月实测数据，分别使用糙率 n 及达西系数 f 进行阻力影响因素分析。

　　分析 7 月及 9 月所测数据，可得到糙率 n 与流量 Q、河床结构强度 S_P、粒径 D_{90}、坡降 S、颗粒弗劳德数 $V/(gD_{90})^{1/2}$、阻水面积 D_{90}^2/A、水流雷诺数 VR/ν 之间的关系，并绘制了河床结构强度 S_P 与坡降 S 的关系，见图 2.4。图中也包含了张康（2012）2009 年在小江流域诸河实测数据。对上述相应各变量之间的关系做 F 显著性检验。在显著性水平 $\alpha=0.05$ 时，相应的各个变量之间的 p 值均为 0，亦即上述相应的各变量之间分别具有显著的统计相关性。

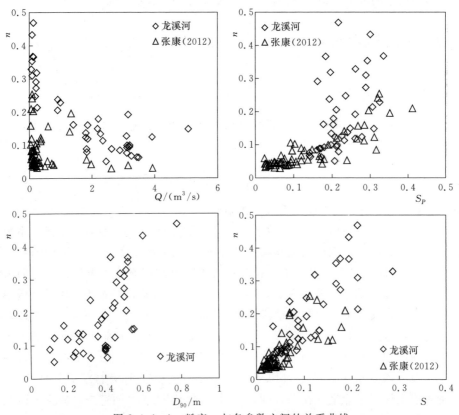

图 2.4（一）　糙率 n 与各参数之间的关系曲线

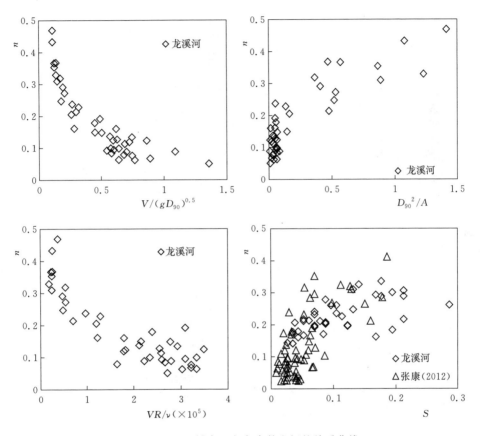

图 2.4（二） 糙率 n 与各参数之间的关系曲线

由图 2.4 可见，n 随着流量 Q、弗劳德数或水流雷诺数的增大而减小，随着河床结构强度 S_P、坡降 S、粒径 D_{90} 或阻水面积 D_{90}^2/A 的增大而增大。河床结构强度 S_P 与坡降 S 成显著正相关关系。

观测河段的水流一般较浅，粗颗粒石块通常部分淹没。随着流量增大，淹没深度增大，h/D_{90} 会增大，相对粗糙高度减小，糙率 n 会减小。S_P 是对河床结构强度的量化，其值越大，说明河床结构越发育，河床纵剖面越曲折，水面曲线越弯曲，能量损失越大，糙率 n 相应会越大。坡降 S 越大，各种河床结构越容易形成，越容易消耗水流能量，使得糙率 n 越大。同样的，粒径或阻水面积越大，相对粗糙高度越大、水流阻滞作用越强，也使得糙率 n 越大。图 2.5 中这些关系展示了山区河流河段平均阻力不同于平原河流阻力的特点。

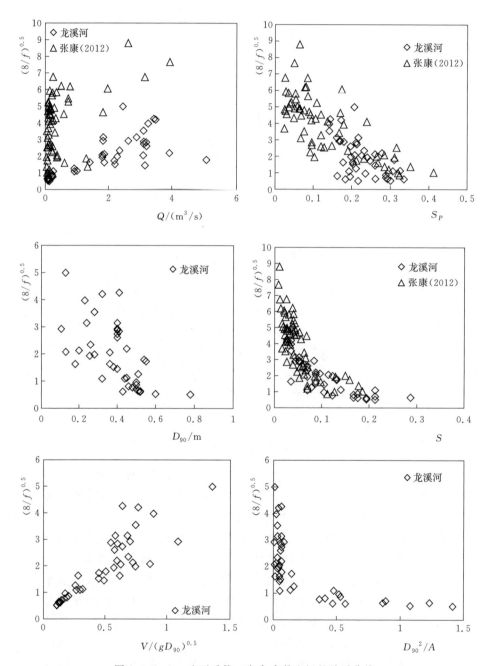

图 2.5（一）　达西系数 f 与各参数之间的关系曲线

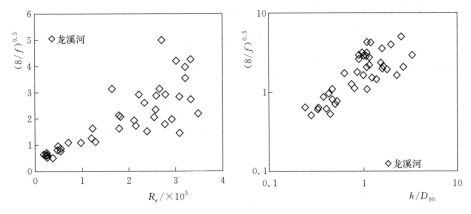

图 2.5（二） 达西系数 f 与各参数之间的关系曲线

分析 7 月及 9 月所测数据，可得达西系数 f 与流量 Q、河床结构强度 S_P、坡降 S、粒径 D_{90}、阻水面积 D_{90}^2/A、颗粒弗劳德数 $V/(gD_{90})^{1/2}$、水流雷诺数 VR/ν 及相对淹没深度 h/D_{90} 之间的关系，见图 2.5。图中也包含了张康（2012）在 2009 年小江流域诸河实测数据。对上述相应各变量之间的关系做 F 显著性检验。在显著性水平 $\alpha=0.05$ 时，相应的各个变量之间的 p 值均为 0，亦即上述相应的各变量之间分别具有显著的统计相关性。

由图 2.5 可见，f 随着流量 Q、弗劳德数、水流雷诺数或者相对淹没深度 h/D_{90} 的增大而减小，随着河床结构强度 S_P、坡降 S、粒径 D_{90} 或阻水面积 D_{90}^2/A 的增大而增大。达西系数 f 与阻力各个影响参数之间的关系和 n 与阻力各个影响参数之间的关系保持一致。

随着流量增大，淹没深度（h/D_{90}）增大，相对粗糙高度减小，达西系数 f 会减小。S_P 值越大，床面越曲折，河床结构强度越大，f 相应会越大。坡降 S 越大，泥沙特征粒径越大，越容易形成各种河床结构，消耗更多水流能量，使得 f 越大。阻水面积越大，相对粗糙高度越大，水流阻滞作用就越强，也使得 f 越大。达西系数 f 与阻力影响参数之间的关系，也展示了山区河流河段平均阻力不同于平原河流阻力的特点。

2.2.2 床面形态特征简述

根据 Montgomery 和 Buffington（1997）中关于山区河流河床地貌形态的分类，当河流比降小于 1.5% 时，山区河流河床主要发育浅滩深槽结构；河流比降在 1.5%～3% 时，床面大多为平整形态；河流比降在 3%～6.5% 时，主要发育阶梯深潭结构；当河流比降大于 6.5% 时，主要发育有梯级层叠小瀑布结构。这些河流比降范围给出了其中最可能发育形成的河床形貌结构，但是不同的河床形貌其形成的比降范围会有重叠，并且河床发育的地貌形态也不是由河流比降唯一决定的。

依据 Montgomery 和 Buffington（1997）的研究成果，结合龙溪河实测数据分析山区河流床面形态特征规律。由图 2.6 可见，当河流比降约大于 10％时，河床结构强度 S_P 不随比降 S 变化；当河流比降约小于 10％时，河床结构强度 S_P 随比降 S 增大而增大。这和不同河流比降下床面发育有不同的河床地貌形态直接相关，当河流比降大于 10％时，床面发育有梯级层叠小瀑布结构，这种结构的河床纵剖面曲折程度并不会随着比降变化而有显著的变化；当河流比降小于 10％时，随着比降增大，床面会发育有浅滩深槽、平床、阶梯深潭等结构，床面曲折程度逐级增大，最终表现为随着比降 S 增大，河床结构强度 S_P 增大。

由此可以推测，使用河床结构强度 S_P 描述床面形态发育程度，只能在比降小于 10％的范围内，也就是床面发育浅滩深槽、平床、阶梯深潭等结构时。当河流比降较大（如 10％以上），床面发育梯级层叠小瀑布等结构时，使用 S_P 去描述河床结构发育程度已经不再合适。

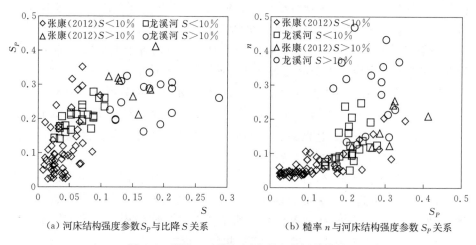

（a）河床结构强度参数 S_P 与比降 S 关系　　　（b）糙率 n 与河床结构强度参数 S_P 关系

图 2.6　阻力、比降与河床形态之间的关系

2.3　龙溪河阻力关系检验

2.3.1　现有阻力方程检验

下面检验断面阻力公式在河段平均阻力研究中的适用性。龙溪河实测数据中，坡降 $S = 3\% \sim 28\%$，流量 $Q = 0.06 \sim 5\text{m}^3/\text{s}$，$D_{90} = 0.1 \sim 0.8\text{m}$，$h/D_{90} = 0.24 \sim 3.3$（$h$ 为断面平均水深）。对已发表的 Rickenmann（1994）、

Rickenmann 和 Recking（2011）、Smart 和 Jäggi（1983）以及 Ferguson（2007）等阻力公式进行检验。

式（2.3）所示的 Rickenmann（1994）公式具有较宽范围的资料来源：坡降 S 为 $0.8\%\sim63\%$，流量 Q 为 $0.03\sim140\mathrm{m^3/s}$，$D_{90}$ 为 $0.05\sim2.1\mathrm{m}$，h/D_{90} 为 $0.4\sim4$。龙溪河所测数据基本在其范围内。

$$\frac{1}{n}=0.56\frac{g^{0.44}Q^{0.11}}{D_{90}^{0.45}S^{0.33}} \tag{2.3}$$

式（2.4）为 Rickenmann 和 Recking 公式（2011），该式 h/D_{84} 的适用范围在 $0.1\sim10000$ 之间，龙溪河实测数据在该范围之内。

$$\frac{1}{n}=\frac{4.416\sqrt{g}\left(\dfrac{h}{D_{84}}\right)^{1.904}}{\left[1+\left(\dfrac{h}{1.283D_{84}}\right)^{1.618}\right]^{1.083}R^{1/6}} \tag{2.4}$$

式（2.5）为 Smart 和 Jäggi（1983）公式，该式能适用于坡降 S 取值范围为 $0\sim20\%$ 的高输沙率的情况，龙溪河实测数据基本在该范围之内。

$$\frac{1}{n}=\frac{5.75\left\{1-\exp\left[-0.05\dfrac{R}{D_{90}}\dfrac{1}{S^{0.5}}\right]\right\}^{0.5}\lg\left(8.2\dfrac{R}{D_{90}}\right)}{0.3193R^{1/6}} \tag{2.5}$$

式（2.6）为 Ferguson（2007）公式，该式 h/D_{84} 的适用范围为 $0.1\sim100$，龙溪河实测数据基本在该范围之内。

$$\frac{1}{n}=\frac{\sqrt{g}\,a_1a_2\dfrac{h}{D_{90}}}{\left[a_1^{\,2}+a_2^{\,2}\left(\dfrac{h}{D_{90}}\right)^{1.67}\right]^{0.5}R^{1/6}} \tag{2.6}$$

式中：粗糙高度选用 D_{90}，参数 $a_1=8.2$、$a_2=2$。

式（2.6）与表 1.2 中所列 Ferguson（2007）阻力公式在系数上存在差别，原因在于选用了不同的等效粗糙高度（D_{84}、D_{90}），Ferguson（2007）根据实测资料分别进行率定，给出了不同的参数组。

图 2.7 给出了公式（2.3）～公式（2.6）综合阻力系数计算值与曼宁公式反算所得糙率 n 的比较。Rickenmann（1994）公式以及 Ferguson（2007）公式计算值与反算糙率值符合较好；Rickenmann 和 Recking（2011）式计算值较反算糙率值整体偏小；Smart 和 Jäggi（1983）公式在坡降小于 20% 时，计算值较反算糙率值整体偏小，但在坡降大于 20% 时会略大于反算糙率值。将计算值与反算糙率值进行回归来分析各式的精度，结果表明 Rickenmann（1994）式给出的相关系数为 $r=0.85$，Rickenmann 和 Recking（2011）式给出的相关系数为 $r=0.60$，Smart 和 Jäggi（1983）公式给出的相关系数为 $r=0.43$，

Ferguson（2007）式给出的相关系数为 $r=0.73$。

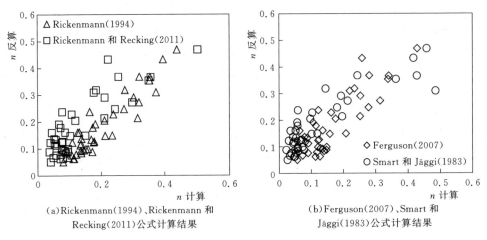

(a)Rickenmann(1994)、Rickenmann 和
Recking(2011)公式计算结果

(b)Ferguson(2007)、Smart 和
Jäggi(1983)公式计算结果

图 2.7　计算糙率与反算糙率值对比

Rickenmann（1994）公式符合较好的原因可能在于使用了流量而不是水深作为输入量，对于山区浅水流动流量测量更为稳定准确，同时该式数据资料范围也较广。对于 Ferguson（2007）公式，它同时考虑了深水区和浅水区流动特性，在山区河流阻力计算中十分有效。Smart 和 Jäggi（1983）公式及 Rickenmann 和 Recking（2011）公式计算值偏小的原因可能在于小流量情况下由于山区卵砾石河流存在大粒径块石、陡坡、河床结构以及相对淹没度较小等情况，使得浅水区流速分布可能与假设的关系不一致，使得这些公式得出的阻力系数值偏小。Rickenmann（1994）及 Ferguson（2007）阻力公式与实测资料吻合较好，在龙溪河具有较好的适用性。这说明河段平均阻力公式可以延续采用断面阻力公式的结构。

2.3.2　龙溪河阻力方程

采用与 Rickenmann（1994）公式相同的建立思路，以龙溪河及剪坪沟 7 月实测数据为回归数据，推算综合阻力系数 n 的公式，并以 9 月实测数据作为验证。对 7 月数据进行多元回归分析得到：

$$\frac{1}{n}=0.66\frac{g^{0.43}Q^{0.14}}{D_{90}^{0.52}S^{0.26}} \tag{2.7}$$

用 9 月实测数据验证上式，结果见图 2.9。图 2.8 中也给出了 7 月数据的回归效果。可以看到，数据点基本上落在 45°线两边，具有较好的精度。该阻力关系式有可能适用于与龙溪河类似的西部山区河流。

为了对式（2.7）在其他山区河流上的适用性进行检验，现选取表 2.1 中

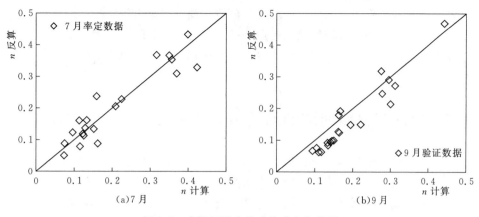

图 2.8 龙溪河阻力公式的建立与验证

的 3 套数据对该式进行验证，结果见图 2.9。可以看出由龙溪河资料回归所得综合阻力系数公式的计算值与曼宁公式反算所得的糙率 n 符合较好，这 3 套数据的数据点基本上散落在 45°线两边，相关系数为 $r=0.80$。由表 2.1 中 3 套数据的流量范围可以看出，在较大流量条件下公式（2.7）依然具有较好的适用性。

表 2.1　　　　　　　　　山区河流数据来源及数据范围

组别	数据来源	数据点数	W/m	$S/\%$	$Q/（m^3/s）$
1	Bathurst（1985）	44	5.1～49.8	0.16～3.73	0.137～195
2	Jarrett（1984）	75	6.7～51.8	0.2～3.4	0.34～128.2
3	Thorne 和 Zevenbergen（1985）	12	10.3～18.9	1.43～1.98	2.05～10.45

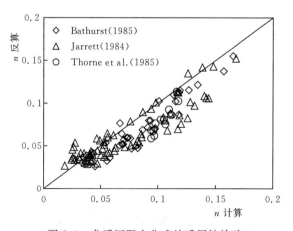

图 2.9 龙溪河阻力公式的适用性检验

需要指出的是，本书所得综合阻力系数所表征的是河段平均的阻力系数，反映了河底沙粒阻力、河床形态阻力、河段平面形态阻力等贡献。随着更多实测数据的补充，将有可能细致分析河段综合阻力与沙粒阻力、微地貌形态阻力的关系。前者与山区河流的推移质输送关系密切，后者与河段的形貌特征紧密相关。

2.4　山区与平原河流的河段阻力关系式

由于山区河流的各种床面形态/结构的存在，水流在空间上是极不均匀的。采用以往的断面水力要素研究断面水流阻力，难以代表河段平均的情况。在龙溪河流域的现场观测是在量测河段上选择若干典型断面进行水力要素测量，以这些断面水力要素测量值的平均值作为研究河段的平均水力要素来进行河段水流阻力的研究工作。大多数山区河流阻力研究工作都采用了这一方法。

下面以三维空间河段为研究对象，将断面水力要素（水力半径 R、流速 V 等）以及水流阻力的概念拓展到三维空间河段上，用以描述空间不均匀性的影响。

2.4.1　模型基础

图 2.10 给出了三维空间河段下的水流流动及床面泥沙分布示意，其中 V 为河段平均水流流速，h 为河段平均水深，S 为河段平均比降，V_w 为长 L 的河段内的水体体积，A_w 为河段床面投影面积。图中小粒径泥沙颗粒代表可动泥沙，A_w' 为其在床面上的投影面积，V_w' 为其上覆水体体积；大粒径为不可动泥沙，A_w'' 为其在床面上的投影面积，V_w'' 为其上覆水体体积。其中 $V_w = V_w' + V_w''$。

建立河段水体受力平衡方程，并将总阻力分解为作用在可动泥沙颗粒及不可动泥沙颗粒上的两部分，可得：

$$\rho V_w g S = \tau' A_w' + \tau'' A_w'' \tag{2.8}$$

式中：τ' 为作用在可动泥沙颗粒上的切应力；τ'' 为作用在不可动泥沙颗粒上的切应力。

式（2.8）两端同时除以河段床面投影面积 A_w，可得：

$$\rho \frac{V_w}{A_w} g S = \tau' \frac{A_w'}{A_w} + \tau'' \frac{A_w''}{A_w} \tag{2.9}$$

前文提及，Smart et al.（2002）及 Yager et al.（2007）均以河段水体体积除以河床床面投影面积来计算河段平均水深，以考虑河段非均匀粗糙及不连续水面的影响。借鉴该概念，将河段水体体积与河床床面投影面积之比定义为河段体积水力半径，仍以 R 表示，计算式如下：

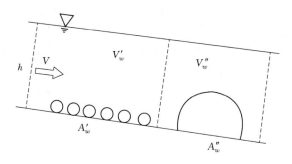

（a）侧视图

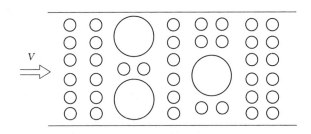

（b）平面图

图 2.10　三维空间河段水流流动示意图

$$R = \frac{V_w}{A_w} \qquad (2.10)$$

水流阻力根据其物理来源的不同，可以划分为肤面阻力及形态阻力。肤面阻力是水流与床面边界上的剪切阻力，用于泥沙输移；形态阻力是水流流经不可动颗粒或床面形态/结构时在其迎水面及背水面上产生的压差阻力，主要用于水流能量耗散。它们可以通过水力半径或能坡分解的办法分别求解，肤面阻力对应 τ'，形态阻力对应 τ''。

此处尝试通过河段水体体积的分割来分别考虑可动颗粒泥沙与不可动颗粒泥沙对水流阻力的影响。

式（2.9）等式左端可进一步写为

$$\rho \frac{V_w}{A_w} gS = \rho g S \frac{V_w' + V_w''}{A_w} = \rho g S \frac{V_w'}{A_w'}\frac{A_w'}{A_w} + \rho g S \frac{V_w''}{A_w''}\frac{A_w''}{A_w} \qquad (2.11)$$

式（2.9）等式右端与式（2.11）保持一致，可定义河段肤面阻力对应的体积水力半径 $R' = V_w'/A_w'$，作用于可动颗粒泥沙；河段形态阻力对应的体积水力半径 $R'' = V_w''/A_w''$，作用于不可动颗粒泥沙。

河段体积水力半径分解式即可写为

$$R = \frac{V_w}{A_w} = \frac{V_w' + V_w''}{A_w} = R'\frac{A_w'}{A_w} + R''\frac{A_w''}{A_w} \tag{2.12}$$

可见，通过河段水体体积的分割得到了肤面阻力及形态阻力分别对应的体积水力半径。在已知河段水面高程场及床面泥沙配置的情况下，式中各变量均可直接求得，即肤面阻力及形态阻力对应的体积水力半径（R'，R''）已经成为了可测量参数。

为表达河段阻力，将均匀流情况下达西阻力系数 f 的定义扩展至三维空间河段的水流流动，公式如下：

$$\frac{f}{8} = \frac{\rho V_w g S}{\rho V^2 A_w} = \frac{\frac{V_w}{A_w} g S}{V^2} = \frac{g R S}{V^2} \tag{2.13}$$

式（2.13）可进一步写为

$$\sqrt{\frac{8}{f}} = \frac{V}{\sqrt{gRS}} \tag{2.14}$$

式中：$\rho V_w g S$ 为河段阻力；$\rho V^2 A_w$ 为河段水流平均驱动力。

前面已对河段水流阻力进行了分割，得到了肤面阻力及形态阻力分别对应的体积水力半径，下面寻找空间河段上肤面阻力及形态阻力的影响因素。均匀流中，通常使用相对粗糙高度 K_s / R 作为床面粗糙高度的度量，来描述床面粗糙对水流特性的影响。受此启发，基于图 2.11 三维空间流动的物理图景，分别采用可动颗粒与不可动颗粒的体积与其上覆水体体积之比，作为空间河段上肤面阻力及形态阻力的粗糙度量参数。

对于肤面阻力，可动泥沙颗粒的粗糙度量参数可表示为

$$\frac{\xi D A_w'}{V_w'} = \frac{\xi D}{V_w'/A_w'} = \frac{\xi D}{R'} \tag{2.15}$$

式中：D 为可动泥沙颗粒代表粒径；ξ 为其形状系数。

对于形态阻力，不可动泥沙颗粒的粗糙度量参数可表示为

$$\frac{A_w''h - V_w''}{V_w''} = \frac{h - V_w''/A_w''}{V_w''/A_w''} = \frac{h - R''}{R''} \tag{2.16}$$

可见，在三维空间河段流动情况下，肤面阻力及形态阻力的影响因素都是可直接测量的。在此基础上可建立空间河段的阻力方程式

$$\sqrt{\frac{8}{f}} = \frac{V}{\sqrt{gRS}} = F\left(\frac{\xi D}{R'}, \frac{h - R''}{R''}\right) \tag{2.17}$$

其具体形式还需进一步探讨。

目前已有不少新的量测技术可以获得前文中定义的三维空间河段流动下的各水力要素观测值。如 Lidar（Feurer et al.，2008）、双目立体测量技术（李

蔚等，2014）、水下机器人（Galceran et al.，2015）等已经应用到野外测量中，可直接进行水面高程场、水面流速场以及水下地形信息等的观测，这样就可以获得研究河段的水体体积、可动泥沙颗粒及不可动泥沙颗粒的床面投影面积，即可计算空间河段肤面阻力及形态阻力对应的水力半径值。对于河段平均的水流流速 V，通常可以使用盐水稀释法（Lee 和 Ferguson，2002；Curran 和 Wohl，2003；Macfarlane 和 Wohl，2003；Wohl 和 Wilcox，2005）等方法来进行测量工作。

通过实测的三维空间河段的各水力要素资料，可以分析阻力方程式（2.17）中两个影响参数的权重及作用，对方程具体形式进行假设检验。

2.4.2　模型实现

三维空间河段的水流及地形信息对于河段阻力模型的完备起着至关重要的作用。新型量测技术的应用为研究空间河段阻力打开了窗口，但是由于造价较高以及山区河流浅水深、大粗糙等特点，这些量测技术距离广泛应用仍需要进一步的改进。因此，本书开展的工作并未进行三维空间河段水流流动特性的室内水槽试验或野外河流观测，但仍试图通过某些近似处理来应用上述河段阻力模型研究空间河段的水流阻力特性。

三维空间河段中体积水力半径 $R = V_w / A_w$，其中 V_w 为河段水体体积，A_w 为河段河床床面投影面积。设研究河段中任一过水断面面积为 A_{cs}，水面宽为 B_{cs}，则体积水力半径 R 可写为

$$R = \frac{V_w}{A_w} = \frac{\int_0^L A_{cs}\,\mathrm{d}x}{\int_0^L B_{cs}\,\mathrm{d}x} \tag{2.18}$$

如采用传统的断面水力测量方法，在研究河段中测量足够数目的 n 个典型控制断面，式（2.18）即可进一步写为

$$R = \frac{\int_0^L A_{cs}\,\mathrm{d}x}{\int_0^L B_{cs}\,\mathrm{d}x} = \frac{\sum_{i=1}^n A_{csi} l_i}{\sum_{i=1}^n B_{csi} l_i} = \frac{\overline{A_{cs}}L}{\overline{B_{cs}}L} = \frac{\overline{A_{cs}}}{\overline{B_{cs}}} \tag{2.19}$$

式中：$\overline{A_{cs}} = \sum A_{csi}/n$ 表示河段过水断面面积的平均值；$\overline{B_{cs}} = \sum B_{csi}/n$ 表示河段过水断面水面宽的平均值，这样河段体积水力半径 R 就可以通过断面水力要素来进行测量求解。

对于河段平均流速 V 的测量，可以使用前文提及的盐水稀释法，也可以使用流速仪点测流速法，以河段平均流量与河段过水断面面积平均值之比作为河段平均流速，其计算公式如下：

$$V = \frac{\bar{Q}}{A_{cs}} = \frac{\frac{1}{n}\sum_{i=1}^{n}Q_i}{\frac{1}{n}\sum_{i=1}^{n}A_{csi}} = \frac{\sum_{i=1}^{n}\sum_{j=1}^{m}u_j h_j \chi_j}{\sum_{i=1}^{n}A_{csi}} \tag{2.20}$$

式中：m 为过水断面流速测量时的测线数；u_j 为某一测线处流速；h_j 为某一测线处水深；χ_j 为某一测线处的湿周。

虽然上述河段空间水力要素计算式的离散形式会在一定程度上平滑掉河床边界的非均匀性，但是以河段中全部的典型控制断面的特征信息去计算河段平均水力特征值（水力半径 R、流速 V 等）也是可以接受的。

目前的研究中，对于野外数据的观测及处理，研究者（Bathurst，1985；Macfarlane 和 Wohl，2003；Comiti et al.，2007；Yager et al.，2007；Nitsche et al.，2012；张利国等，2013）也都是在量测河段中选取若干个典型断面，采用这若干个典型断面的水力要素平均值来表示河段平均的水力要素值。因此通常使用的河段平均的水力半径实际上是新定义的河段体积水力半径的近似，模型中需要使用的其他水力要素值，如河流比降 S、泥沙级配特征曲线、流量、过水断面面积等，也都是河段平均值，这为近似应用空间河段的阻力模型提供了有效的数据支持。

对于肤面阻力对应的水力半径 R' 的求解，这里就直接借鉴平原河流中阻力分解的求法。根据明渠流动对数流速分布推导的物理图景，床面相对粗糙较小，阻力主要由肤面阻力构成，许多研究者（Bray，1979；Macfarlane 和 Wohl，2003；Parker，2008）均认为可以使用 Manning-Strickler 公式来计算山区卵砾石河流大粗糙存在情况下的肤面阻力，这与图 2.11 中肤面阻力相应的情况类似。

因此采用如下形式的 Manning-Strickler 公式计算肤面阻力对应的水力半径 R'：

$$\frac{V}{u'_*} = \frac{V}{\sqrt{gR'S}} = 8.1\left(\frac{R'}{K'_s}\right)^{1/6} \tag{2.21}$$

式中：K'_s 为对应于肤面阻力的沙粒粗糙。

关于沙粒粗糙 K'_s 的取值，不同的研究者根据自己的研究工作给出了不同的取值，此处不再赘述。本书的研究中，根据 Keulegan（1938）以及 Macfarlane 和 Wohl（2003）的工作，选用 D_{50} 作为等效沙粒粗糙高度，因此可得肤面阻力对应的水力半径 R' 为

$$R' = \left(\frac{VD_{50}^{1/6}}{8.1g^{1/2}S^{1/2}}\right)^{1.5} \tag{2.22}$$

对于形态阻力对应的水力半径 R''，按照河段空间阻力模型中方程式

（2.10），其与空间河段中可动颗粒及不可动颗粒的床面投影面积有关。这里采用近似办法处理，考虑到可动颗粒在床面上作推移运动时其迎水面及背水面也会产生压差力及尾迹涡等，而水流作用在不可动颗粒上也会产生摩擦阻力，因此假设式（2.12）中 $A_w = A_w' = A_w''$，即 $R = R' + R''$。

对于平原沙质河流，床面推移质运动发育沙波等形态，沙波等床面形态的迎水面及背水面会产生压差阻力，也就是说 $A_w = A_w' = A_w''$，即 $R = R' + R''$。如要建立类似图 2.11 三维空间河段水流流动示意图，可假定动床床面由可动泥沙颗粒和不可动沙波形态两部分组成，则空间河段阻力建模过程即与上文类似。

对于泥沙特征粒径 D 的取值，通常研究阻力问题都选取较大的床沙代表粒径，因此取 $D = D_{90}$；对于水深 h，为简便，这里直接采用水力半径 R 代替，这样就可以获得基于断面水力要素平均值的河段阻力方程式。

由于肤面阻力及形态阻力本质上是相互影响的，根据式（2.17），因此采用如下形式的河段阻力方程：

$$\sqrt{\frac{8}{f}} = \frac{V}{\sqrt{gRS}} = C\left(\frac{D_{90}}{R'}\right)^{\alpha}\left(\frac{R}{R''} - 1\right)^{\beta} \tag{2.23}$$

式中：C、α、β 为系数，需通过实测资料进行率定。

2.4.3　数据准备

表 2.2 展示了龙溪河实测数据及收集到的其他 11 处来源的研究数据。Church 和 Rood（1983）数据基本来源于蜿蜒游荡型河段；Colosimo et al.（1988）测量了 43 个河段在近似均匀流动条件下的水沙数据；Bathurst（1978）测量了 3 条卵砾石河段；Bathurst（1985）观测对象主要为浅滩-深槽河段；Thorne 和 Zevenbergen（1985）在两条近似均匀流动的卵砾石河流中进行了观测；Jarrett（1984）进行了含植被的水流数据观测；Orlandini et al.（2006）测量了阶梯-深潭的水流数据；Griffiths（1981）测量了新西兰 72 条梯形河段；Hey 和 Thorne（1986）在含浅滩-深槽形态与植被的野外河流进行了观测；Wohl 和 Wilcox（2005）在阶梯-深潭河段进行了观测工作；张康（2012）在中国云南省进行了若干条野外河流的观测。

不可避免，由于测量误差及其他不可控因素的影响，一些数据在品质上可能存在问题。Rickenmann 和 Recking（2011）给出了进行数据筛选的标准：阻力系数高出 Keulegan（1938）公式计算值 30% 或者低于 Recking et al.（2008）阻力公式计算值的 30% 的数据直接删掉；不满足连续方程的数据也被去除。故而这里使用筛选后的数据进行分析。

表 2.2　　　　　　　收集到的研究数据汇总

组	来　源	$S/\%$	$Q/(\text{m}^3/\text{s})$	D_{84}/mm	R/D_{84}	个数
A	Church 和 Rood（1983）	$0.004\sim7.5$	$0.06\sim16696$	$0.48\sim590$	$0.6\sim22419.9$	315
	Colosimo et al.（1988）	$0.26\sim1.9$	$0.4\sim17.8$	$45.1\sim132$	$1.91\sim9.24$	37
	Bathurst（1978）	$0.8\sim1.74$	$0.9\sim7.2$	$280\sim485$	$0.34\sim1.31$	9
	Thorne 和 Zevenbergen（1985）	$1.43\sim1.9$	$2.05\sim10.5$	$337\sim393$	$0.84\sim1.46$	12
	Jarrett（1984）	$0.2\sim3.4$	$0.34\sim128.3$	$33.5\sim793$	$0.36\sim10.3$	75
	张康（2012）	$0.1\sim18.6$	$0.04\sim16.8$	$20\sim550$	$0.25\sim6.6$	54
	Orlandini et al.（2006）	$2.8\sim5.6$	$0.25\sim0.78$	$249\sim965$	$0.21\sim0.88$	10
B	Griffiths（1981）	$0.009\sim1.1$	$0.05\sim1540$	$26.4\sim662$	$0.76\sim93.7$	116
	Hey 和 Thorne（1986）	$0.12\sim1.5$	$3.9\sim358.3$	$30.6\sim387$	$2.85\sim26.03$	54
	Bathurst（1985）	$0.4\sim3.7$	$0.137\sim195$	$113\sim740$	$0.42\sim10.74$	42
	Wohl 和 Wilcox（2005）	$2.0\sim20.0$	$1.3\sim178.5$	$180\sim1350$	$0.53\sim5.39$	15
	张利国等（2013）	$2.6\sim28.7$	$0.065\sim5.1$	$84\sim624$	$0.20\sim3.31$	41

表 2.2 共包含山区及平原河流数据点 780 组，覆盖范围宽，其中比降 S 为 $0.004\%\sim28.7\%$，流量 Q 为 $0.04\sim16696\text{m}^3/\text{s}$，泥沙特征粒径 D_{84} 为 $0.48\sim1350\text{mm}$，相对水深 R/D_{84} 为 $0.2\sim22419.9$。本研究中将其划分为 A、B 两部分以作新的河段阻力关系式的率定与验证之用。其中，A 组含数据 512 组，覆盖数据范围比降 S 为 $0.004\%\sim28.7\%$，相对水深 R/D_{84} 为 $0.2\sim22419.9$；B 组含数据 268 组，覆盖数据范围比降 S 为 $0.009\%\sim28.7\%$，相对水深 R/D_{84} 为 $0.2\sim93.67$。

2.4.4　模型率定与验证

在对河段阻力方程式（2.23）进行率定之前，先通过实测资料对水流阻力系数 f 与肤面阻力影响因素 D_{90}/R' 和形态阻力影响因素 $(R-R'')/R''$ 之间的关系表现进行简单的探讨。根据表 2.2 中数据，图 2.11 绘制了水流阻力系数与肤面阻力及形态阻力影响因素之间的关系曲线。

图 2.11 表明，阻力系数 f 与其影响因素 D_{90}/R' 及 $(R/R''-1)$ 之间具有良好的关系。因此从实测资料检验的角度来看，将二者结合起来考虑来描述水流阻力特性是合理的。

对于河段阻力方程式（2.23），使用 A 组数据进行多元回归分析，得到 $\alpha=-0.2$、$\beta=0.19$、相关系数 $r=0.96$，α 为负、β 为正符合阻力特性的基本规律。

令 $Z=(D_{90}/R')^{0.2}(R/R''-1)^{-0.19}$，绘制阻力系数 f 与参数 Z 的关系曲

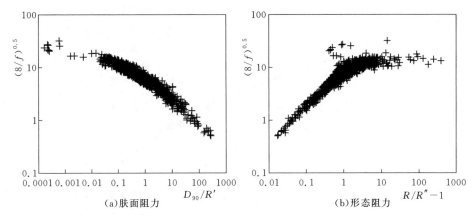

图 2.11　阻力系数与肤面及形态阻力影响因素之间的关系曲线

线，见图 2.12。可以看出，整条率定曲线大致可分为三段，采用双对数曲线的方式对率定方程式进行拟合。通过聚类分析可得到分段点 $Z=0.55$ 和 2.2。

对于 $Z<0.55$ 的区域，回归分析给出关系式：

$$\sqrt{\frac{8}{f}} = 7.3Z^{-0.74} \tag{2.24}$$

对于 $Z>2.2$ 的区域，回归分析给出关系式：

$$\sqrt{\frac{8}{f}} = 10.9Z^{-1.6} \tag{2.25}$$

参照 Ferguson（2007）的处理方法，将两段阻力关系式线性叠加可得：

$$\frac{f}{8} = \frac{Z^{1.48}}{7.3^2} + \frac{Z^{3.2}}{10.9^2} \tag{2.26}$$

进一步可写为

$$\sqrt{\frac{8}{f}} = \frac{7.3 \times 10.9}{Z^{0.74} \cdot \sqrt{10.9^2 + 7.3^2 Z^{1.72}}} \tag{2.27}$$

式中：$Z = (D_{90}/R')^{0.2} (R/R''-1)^{-0.19}$；$R'$ 采用公式（2.22）计算；$R'' = R - R'$。

式（2.27）即为基于河段平均水力要素参量的河段平均阻力方程式，具有适用于山区及平原河流等不同流动情况的潜力。明渠流动中，水流流速 V、水力半径 R、河流比降 S 三个基本的水力要素控制着水流流动特性。基于上述河段平均的阻力方程式，在已知其中两个基本水力要素的情况下，可通过反算得到另外一个水力参量，从而获取水流流动的全部信息。

参数 $Z = (D_{90}/R')^{0.2} (R/R''-1)^{-0.19}$ 并不是简单的指示变量，为确定两段对数线性阻力方程式的应用范围，直接通过 A 组数据绘制了参数 Z 与相对

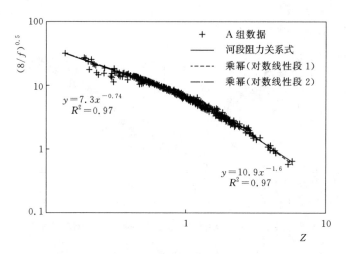

图 2.12　阻力方程率定结果图

水深 R/D_{90} 的关系曲线，见图 2.13。

由图 2.13 可见，相对水深 R/D_{90} 与参数 Z 大致成负相关关系。由其相关方程，可知当 $Z<0.55$ 时，$R/D_{90}>12$，处于深水区范围；当 $Z>2.2$ 时，$R/D_{90}<0.6$，处于浅水区范围。也就是说，方程式（2.24）是深水区情形，方程式（2.25）是浅水区情形。

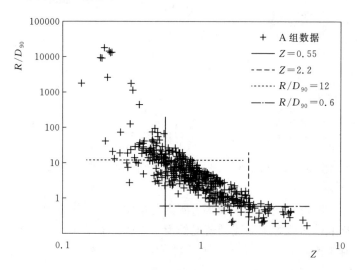

图 2.13　Z 与相对水深关系曲线

采用 B 组数据检验河段阻力方程式（2.27），见图 2.14。可见，该式验证良好。

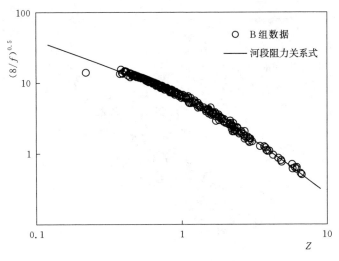

图 2.14　阻力方程式验证结果图

2.4.5　与已有阻力公式对比

许多研究者都对河流阻力的研究作了独特的贡献，这里选取 Bathurst（1985）、Ferguson（2007）及 Rickenmann 和 Recking（2011）三个典型阻力公式与式（2.25）进行对比。使用 B 组数据检验这些阻力公式预测水流流速的能力。

图 2.15～图 2.18 分别绘制了河段阻力方程式（2.27）、Bathurst（1985）、Ferguson（2007）及 Rickenmann 和 Recking（2011）阻力公式的水流流速预测结果，其中横纵坐标分别为水流流速 V 的实测值 V_m 和计算值 V_p。

图 2.15 验证结果表明，河段阻力方程式（2.27）的计算值 V_p 和实测值 V_m 符合良好，相关系数 r 达 0.86，并且大部分数据点都集中在 $R_d = 0.5 \sim 2$ 的范围之内。

图 2.16 验证结果表明，Bathurst（1985）阻力公式的计算值 V_p 和实测值 V_m 符合较好，相关系数 r 为 0.76。

Ferguson（2007）阻力公式可同时适用于深水及浅水区的流动，Rickenmann 和 Recking（2011）对阻力研究综述时发现 Ferguson（2007）阻力公式在水流流速的预测上具有最高的精度。与图 2.16 结果类似，图 2.17 中 Ferguson（2007）公式水流流速计算值与实测值相关系数 r 为 0.84。图 2.18 中 Rickenmann 和 Recking（2011）公式水流流速计算值与实测值相关系数 R^2 为 0.79。

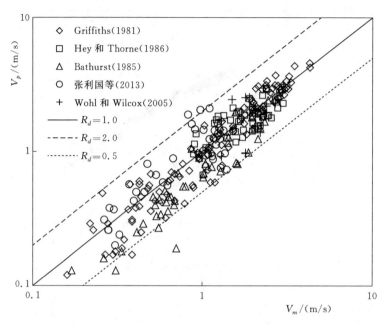

图 2.15　河段阻力公式对 B 组数据的流速预测结果图

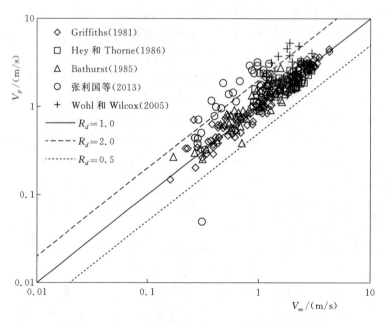

图 2.16　Bathurst（1985）阻力公式流速预测结果图

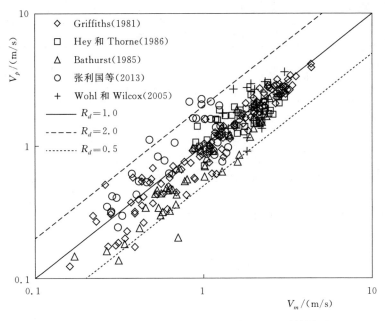

图 2.17 Ferguson（2007）阻力公式流速预测结果图

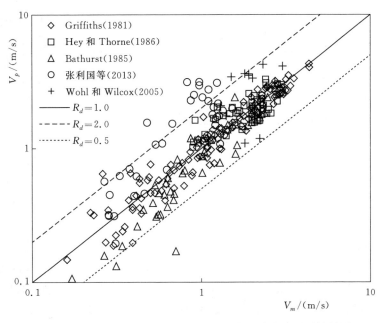

图 2.18 Rickenmann et al.（2011）阻力公式流速预测结果图

为定量比较上述 4 个阻力方程，通过差异率 R_d、归一化均误差 MNE 以及几何平均偏差 AGD 等参数对其表现进行量化，结果见表 2.3。

表 2.3　　　　　　　　　各家阻力公式表现比较

阻力方程	R_d（%）范围内的数据点数				MNE	AGD	数据总数
	0.8~1.25	0.67~1.5	0.57~1.75	0.5~2.0			
河段阻力方程式（2.27）	142（53.0%）	217（81.0%）	243（90.7%）	260（97.0%）	0.235	1.282	268
Bathurst（1985）	156（58.2%）	218（81.3%）	235（87.7%）	243（90.7%）	0.345	1.306	268
Ferguson（2007）	145（54.1%）	212（79.1%）	243（90.7%）	259（96.6%）	0.240	1.281	268
Rickenmann 和 Recking（2011）	157（58.6%）	207（77.2%）	239（89.2%）	251（93.7%）	0.298	1.296	268

其中，差异率 R_d、MNE 及 AGD 分别定义如下：

$$\left. \begin{aligned} R_d &= V_p/V_m \\ MNE &= \frac{1}{N}\sum_{i=1}^{N}\left|\frac{V_p-V_m}{V_m}\right| \\ AGD &= \left[\prod_{i=1}^{N}\max(V_p/V_m,V_m/V_p)\right]^{1/N} \end{aligned} \right\} \qquad (2.28)$$

式中：N 为数据总数。

通常来说，各个给定范围内的 R_d 值越大，表示公式在对水流流速的预测上表现越好；而 MNE 和 AGD 值越小表示公式表现越好。

由表 2.3 可见，河段阻力方程式（2.27）在各个量化指标上表现都是最好的，除了 R_d 在 0.8~1.25 范围内的值。Ferguson（2007）阻力公式与之类似，在剩余的三个阻力公式中表现最好，除了 R_d 在 0.8~1.25 和 0.67~1.5 范围内的值。Rickenmann 和 Recking（2011）阻力公式表现较 Bathurst（1985）阻力公式稍好。

由图 2.16 可以看出，Bathurst（1985）阻力公式对来源于 Griffiths（1981）、Hey 和 Thorne（1986）以及 Bathurst（1985）的水流数据的预测效果在四组公式中是最好的，但对来源于张利国等（2013）和 Wohl 和 Wilcox（2005）的水流数据的预测效果在四组公式中是最差的。由表 2.3 可见，Bathurst（1985）阻力公式在 R_d 在 0.8~1.25 和 0.67~1.5 的范围内值是最大的，这意味着在这个范围内其表现效果是最好的，数据点足够集中在 45°线附近。

这个现象可以从 Bathurst（1985）阻力公式结构和各个来源数据的相对水深 R/D_{84} 的范围去解释。Bathurst（1985）阻力公式是基于 Keulegan（1938）明渠流对数阻力公式演变而来的，因此对于相对水深较大的数据其预测效果较好。不考虑 Bathurst（1985）自身数据，Griffiths（1981）及 Hey 和 Thorne（1986）数

据的相对水深 R/D_{84} 接近 10^2 数量级，而张利国等（2013）和 Wohl 和 Wilcox（2005）的相对水深 R/D_{84} 小于 10，不再适用对数流速分布律。

对于河段阻力方程式（2.27）、Ferguson（2007）阻力公式以及 Rickenmann 和 Recking（2011）阻力公式，均在尝试同时覆盖不同相对水深范围内的水流阻力特性，因此它们对相对水深的变化并不十分敏感，表现也比较类似。

相较于以往的阻力公式，本书的研究成果提供了一个可替代的阻力关系式，最终能够提高水流流速 V 的预测精度，同时本书关于三维空间河段阻力研究的思想是具有借鉴意义的。

2.5 小 结

本章主要描述河段尺度上的水流阻力与床面形态特征，探究河段空间非均匀性对水流流动特性的影响，并建立了三维空间河段的阻力模型。在断面水力要素平均值条件下的应用得到了可同时适用于山区卵砾石河流及平原河流的河段平均的阻力关系式。

通过对龙溪河野外实测水流泥沙数据的分析，初步探究了山区卵砾石河流阻力的各个影响因素；结合对实测河床纵剖面曲线的几何特征分析（S_P），简单的总结了山区卵砾石河流的河床结构发育特征及影响因素。

通过对现有的基于断面水力要素的阻力方程及基于河段水力要素的阻力方程进行验证评估看，应该使用河段水力参数求解得到的河段阻力来描述河段水流运动特性，以衡量河床及河岸空间不均匀性对水流流态的影响。

为量化河段上空间非均匀性对水流流动的影响，对体积水力半径、河段平均流速、河段阻力等水力要素的概念在空间河段上进行了扩展定义。根据水流阻力不同的形成机理，阻力可被分解为肤面阻力及形态阻力两部分，分别对应于空间河段中的可动泥沙颗粒和不可动泥沙颗粒。将河段水体体积分割为可动泥沙颗粒上覆水体体积和不可动泥沙颗粒上覆水体体积两部分，体积水力半径被分解为肤面阻力对应的河段水力半径 R' 和形态阻力对应的河段水力半径 R''。借鉴平原河流均匀流动情况下的相对粗糙高度的概念，定义泥沙颗粒体积与其上覆水体体积之比为其相对粗糙高度，据此得到了描述肤面阻力的参数 D_{90}/R' 和描述形态阻力的参数 h/R''，在此基础上建立了空间河段阻力方程式。

考虑到现有数据通常以若干断面水力要素的平均值来代表河段平均水力要素值，因此将空间河段的阻力方程式在断面平均的各水力要素上进行了近似，通过收集的河段平均的数据，率定得到了可同时适用于山区及平原河流的阻力关系式。将该阻力公式与三个典型阻力公式在水流流速预测方面的表现进行了评估，结果表明该公式具有较高的精度。

第 3 章 推 移 质 运 动

推移质运动受水流条件和床面泥沙组成影响，在山区卵砾石河流和平原沙质河流中呈现不同的输移特性以及运动模式。本章首先从大比降浅水流动情形下卵砾石输沙试验研究出发，再结合其他水槽试验及野外观测数据分析水流流动特性及床面泥沙颗粒运动模式，探究床面阻力与推移质运动的内在联系。

3.1 大比降卵砾石输沙试验研究

3.1.1 试验目的

山区卵砾石河流比降陡，水深相对较浅，级配宽，粒径范围广，大到数米、小到毫米级别，不同粒径大小的颗粒之间可动性差别较大，这些特点使得山区河流水流和泥沙的输移规律十分复杂。为研究山区卵砾石河流非均匀沙的粒径分选特性和颗粒输移模式，以及不同组成的床沙对推移质运动的影响，进行了陡坡条件下不同床沙组成的输沙试验。

此外，为探究水流阻力、床面形态与推移质输沙之间的内在联系，除了水流及泥沙数据，同时对床面三维地形场也进行了测量，具体分析工作将在第 4 章中详细介绍。

3.1.2 试验研究方法

试验工作在美国亚利桑那大学土木工程及工程力学系实验室进行。试验装置见图 3.1，循环水槽长约 15.0m，宽度为 0.6m，除去上下游调整段有效工作长度为 6.0m，水槽比降固定在 4.9％，初始铺沙厚度为 15cm。水槽右侧侧壁为有机玻璃构造，可直接观察水流泥沙输移现象，并进行录像。

玻璃侧壁上贴有透明直尺，以进行水面线高程及河床表面高程的读取，水槽有效工作段共布设 19 条直尺。水槽顶部 2.0m 处安装有微软 Xbox360 体感外设 Kinect，用于河床三维地形高程场的测量，Kinect 工作原理参见 Khoshelham 和 Elberink（2012）。

水流通过水泵注入水槽，水槽上游顶端为一蓄水池，蓄满之后水流溢流进入铺沙段。上游过渡段铺设有大粒径卵砾石，以使水流达到充分发展紊流阶段，在进入有效工作河段之前达到近似恒定均匀流流态。水流流量在水槽上游平坦段采用 SonTek 公司的 Flow – Tracker 手持式 ADV 进行测量，精度为 1%。

水槽尾部为沉砂池，试验过程中使用接沙篮子在水槽尾部收集推移质颗粒，水槽上游处安装有补沙装置。

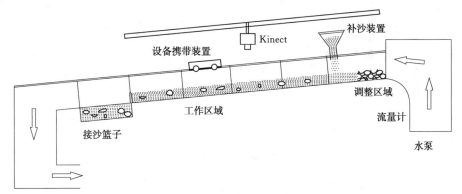

(a)试验装置概略图

(b)试验设备图　　　　　　　　　　　(c)地形测量示意图

图 3.1　试验装置图

沙粒及卵砾石从亚利桑那州图森市 Acme Sand & Gravel 公司购买，并进行筛分为后续配沙作准备。本次试验共使用两组不同组成的泥沙混合物，分别以混合物 A、B 命名，两组沙的级配曲线见图 3.2，所使用泥沙颗粒密度为 2650kg/m^3。混合物 A 的泥沙颗粒特性如下：$D_{16}=1.96$mm，$D_{50}=6.56$mm，$D_{65}=10.69$mm，$D_{90}=52.34$mm。混合物 B 的泥沙颗粒特性如下：$D_{16}=2.71$mm，$D_{50}=9.77$mm，$D_{65}=19.56$mm，$D_{90}=71.47$mm，其中 D_x 代表小于该粒径的泥沙颗粒质量占总质量的百分比。混合物 A 中，沙粒、砂砾及卵石所占比重分别为 19%、75%、6%；混合物 B 中，沙粒、砂砾及卵石所占比重分别为 14%、64%、22%。

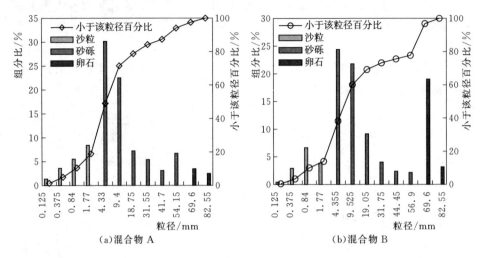

(a)混合物 A   (b)混合物 B

图 3.2　试验用沙级配曲线

3.1.3　试验步骤

试验步骤简要介绍如下。

（1）试验前将准备好的充分混合的泥沙混合物铺入水槽中，厚度为 15cm。在距工作区域起始点 1m、3m、5m 处分别取样量测泥沙级配以保证混合物各处铺设均匀，并且与初始级配保持一致。之后使用平板轻轻抹平床沙表面，保证每一个测次开始前床沙表面配置一致。

（2）试验开始前，使用 Kinect［图 3.1（c）］测量初始床面地形，摄制的单张景深图片可覆盖沿流向 1.2m 的范围，每次拍摄共摄制 3 张景深图片，后期通过提前布设好的标定点进行拼接，使得每次的拍摄范围沿流向可达到 3.5m。

（3）每组试验进行之前，提前 1～2h 打开水泵，使水箱提前蓄满水。每个测次开始之前，缓慢打开并调节阀门，使得水槽上游的蓄水池逐渐蓄满并使水流缓慢溢流进入铺沙段，保证整个床沙逐渐湿润饱和。然后微调阀门逐级增大水流流量，以水槽上游平坦段处的水深作为控制条件，当该处水深达到既定水深后，保持阀门不动，进行该水流条件下的输沙试验。

（4）在上游平坦段处使用 Flow - Tracker 手持式 ADV 进行该位置处水深 H 和水流流速 V 的测量，并计算流量。根据孙东坡等（2004）关于矩形明槽流速沿垂向及横向分布规律的研究可知，明渠流速沿水深的分布基本符合对数律，但流速沿宽度方向的分布与宽深比（B/H）有关，两侧边壁附近流速因受壁面阻力影响小于中轴线附近的流速。

对于宽深比（B/H）大于 5 的明渠流，通常可用相对水深 0.4 处的测点流速作为该测线的平均流速，并认为中轴线上的平均流速与断面平均流速之间的关系为 $V/v_m = K_h$，其中：V 为断面平均流速；v_m 为断面中轴线上的平均流速；K_h 为流速横向修正系数。

当 $5 < B/H < 9$ 时，$K_h = 0.796$ [$1+0.076\ln$（B/H）]；当 $B/H > 14.5$ 时，$K_h = 1$。

（5）5 个自制的接沙篮子交替使用，在水槽尾部收集推移质泥沙颗粒，接沙篮子尺寸为 0.505m×0.405m×0.28m，接沙篮子筛孔尺寸为 0.075mm。当水流流态稳定后，在水槽尾部以既定时间间隔连续不断地进行推移质泥沙颗粒的测量，同时将接沙篮子收集到的推移质泥沙颗粒送往水槽上游，通过操作补沙装置以同样的时间间隔将泥沙颗粒返回到水槽中。当在水槽尾部测得的推移质泥沙样本质量随时间的变化率保持不变时，认为此时循环水槽达到动态输沙平衡阶段，可以进行下一阶段的测量工作。

（6）在保持输沙动态平衡的基础上，进行推移质输沙率及水面线和河床地形高程的测量工作。使用自制的接沙篮子在水槽尾部沉砂池处测量推移质输沙率，共进行 5 个样本的测量，并记录每个样本取样时间。将所测得的推移质样本烘干并进行筛分，获得相应的级配分布，5 个样本单宽推移质输沙率的平均值作为该测次水流条件下的推移质输沙率，同时可获得各个粒径级的分组输沙率。

使用摄像机在水槽玻璃侧壁一侧进行试验过程的拍摄，后期通过玻璃侧壁上的透明直尺读取输沙动态平衡阶段的水面线高程及河床地形高程曲线，共计 19 个位置处的读数。水面线高程与河床地形高程之差即为该水流条件下的水深，同时水面比降也可通过水面线高程求得。

（7）测量结束后，关闭水泵，然后关闭阀门，打开上游蓄水池处的排水管通道，让水槽中的水自行排干。床面变干之后，在和试验前测量床面地形时同样的位置处使用 Kinect 测量试验之后的河床地形。

（8）将水槽中的床沙进行充分掺混，并重新铺平，以进行该组泥沙混合物下一个水流条件下的试验测次。增大水流流量进行下一组试验，重复以上步骤，进行水流及泥沙数据的观测。务必保证试验最大流量可使得最大粒径泥沙可动。

（9）第一组泥沙混合物 A 的各个测次试验结束后，使用混合物 B 泥沙进行同样的输沙试验。混合物 A 泥沙共进行了 9 个测次试验，混合物 B 泥沙共进行了 10 个测次试验。

3.1.4 试验数据

以泥沙混合物 A 的第一个试验测次为例对部分试验数据的分析求解过程进行简单的介绍。

上游铺设的平坦段处水深 H 为 3.2cm，中轴线处测量得到的平均流速为 0.49m/s。水槽宽度 B 为 0.6m，可知宽深比 B/H 为 18.75，通过矩形断面明渠流流速分布规律可知断面平均流速即为 0.49m/s。根据 $Q=VBH$ 可知，流量为 0.011m³/s。

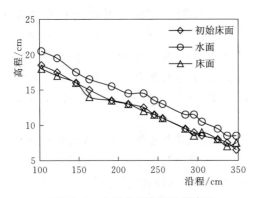

图 3.3　水面线及床面地形高程

图 3.3 绘制了初始床面高程曲线、输沙动态平衡阶段的水面线高程及床面高程曲线，水面线高程与床面高程之差即为当前阶段的平均水深，通过计算 19 个透明直尺位置处的读数差可得。

根据数据分析，可知该试验测次水深 h 为 2.2cm，水面比降为 4.9%。已知流量 Q，根据水深可求得水槽有效工作段平均流速为 0.833m/s，弗劳德数 Fr 为 1.794。

当进入到输沙动态平衡阶段时，进行推移质输沙率的测量，第一个试验测次进行了 4 个样本的测量，每个样本取样时间为 60s。3 个推移质输沙率样本及样本平均值的级配分布见图 3.4，分组推移质输沙率见图 3.5，其中："样本 1"表示样本 1 结果，"平均"表示 4 个样本平均之后的结果。

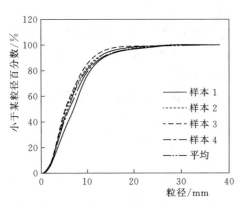

图 3.4　推移质输沙率样本级配分布

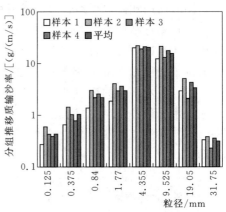

图 3.5　分组推移质输沙率

3.2 床沙运动模式分析

已有研究表明，由于非均匀沙的粒径分选作用，卵砾石河床表面通常会形成粗化层，推移质泥沙级配分布及表层床沙的级配分布随着床沙组成及水流条件的变化而变化。Parker（2008）根据以往研究对推移质泥沙运动特点及输移模式进行了详细的论述，他认为当推移质泥沙级配分布的粗沙部分比表层床沙级配分布的粗沙部分细时，推移质运动为部分输移；当推移质泥沙级配分布比表层床沙级配分布细，但床面泥沙所有粒径颗粒均可以在推移质泥沙中找到，此时推移质运动为选择性输移；当推移质泥沙级配分布与表层床沙级配分布一致时，推移质运动为等可动性输移。

3.2.1 试验数据分析

本节以水槽试验数据为基础探究山区卵砾石河流非均匀沙输移特性。Duan et al.（2007）推荐使用式（3.1）描述推移质泥沙级配分布和表层床沙级配分布之间的相关性，本书借鉴该式：

$$\delta = \sqrt{\frac{\sum_{i=1}^{n}(f_i - p_i)^2}{n}} \tag{3.1}$$

式中：δ 为推移质泥沙级配分布和表层床沙级配分布之间的差异；n 为非均匀沙分组数目；f_i 为表层床沙中第 i 个粒径组所占体积百分比；p_i 为推移质泥沙中第 i 个粒径组所占体积百分比。

式（3.1）表明当推移质泥沙级配分布逐渐接近表层床沙级配分布时，差异值 δ 会逐渐变小。

根据本次水槽试验两组混合沙数据绘制 δ 和无量纲水流切应力 τ^* $[\tau^* = \tau/(\rho_s - \rho)gD_m$，其中：$\tau$ 为水流剪切应力，$D_m = e^{\sum f_i \ln D_i}$ 为表层床沙几何平均粒径，D_i 为第 i 粒径组代表粒径] 之间的关系，具体见图 3.6（a）。

由图 3.6（a）中可以看出，随着无量纲水流切应力 τ^* 增加，表层床沙与推移质泥沙级配分布之间的差异值 δ 在减小，这也说明推移质泥沙级配分布在逐渐接近表层床沙的级配分布，即随着水流切应力增大，推移质泥沙与表层床沙的组成越来越相似。当水流剪切应力足够大时，δ 值较小，并趋近于 0，表明此时推移质泥沙的级配分布与表层床沙的级配分布已经非常接近，这意味着当水流剪切应力足够大时，推移质运动已达到等可动性输移模式。本次水槽试验的结论与以往关于推移质运动模式的研究结果是一致的。

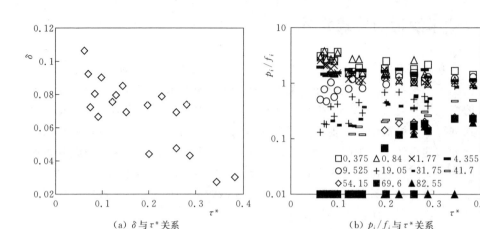

（a）δ 与 τ^* 关系 　　　　　　　（b）p_i/f_i 与 τ^* 关系

图 3.6　推移质泥沙与表层床沙特性分析

为更加细致地研究非均匀沙各个粒径分组泥沙颗粒运动情况及非均匀沙粒径分选特性，图 3.6（b）绘制了推移质泥沙与表层床沙各个粒径组体积占总体积的比率 p_i/f_i 随无量纲水流剪切应力 τ^* 的关系曲线。

显而易见，p_i/f_i 一定程度上表示着在给定床沙补给条件下的水流对泥沙的相对输移能力。虽然数据点略显散乱，但数据体现出的规律清晰可见。从整体趋势上来看，随着无量纲水流剪切应力 τ^* 的增强，各个粒径组的 p_i/f_i 由分散慢慢变得聚拢，并趋近于 1。这种趋势也表明随着水流切应力增强，推移质泥沙组成逐渐接近表层床沙组成，推移质运动接近等可动模式，与图 3.6（a）结论一致。

此外，由图 3.6（b）可以看出随着泥沙粒径变大，p_i/f_i 逐渐变小。细颗粒泥沙（$D_i<4.355\text{mm}$）的 p_i/f_i 大于 1，随着水流强度增加，p_i/f_i 逐渐减小，最后趋近于 1；粗颗粒泥沙（$D_i>19.05\text{mm}$）的 p_i/f_i 小于 1，随着水流强度增加，p_i/f_i 逐渐增大，最后趋近于 1。这表明在弱水流强度条件下，与表层床沙相比，推移质泥沙中细颗粒泥沙相比于粗颗粒泥沙相对占比大。随着水流强度的增加，推移质泥沙中细颗粒泥沙与粗颗粒泥沙比例与表层床沙趋于一致，也即接近等可动性输移模式。

3.2.2　收集试验数据分析

表 3.1 中收集了不同来源的室内水槽及野外河流的水流、泥沙数据，同样采用 3.2.1 节方法分析推移质泥沙运动模式。

根据上述不同来源数据绘制推移质泥沙级配分布和表层床沙级配分布之间的差异值 δ 与无量纲水流剪切应力 τ^* 之间的关系曲线，以及推移质泥沙与表层床沙各个粒径组所占体积百分比的比率 p_i/f_i 与无量纲水流剪切应力 τ^* 的关系曲线，见图 3.7。

表 3.1 室内水槽及野外水流泥沙数据汇总

组别	来源	H/m	$q/(\mathrm{m}^2/\mathrm{s})$	$S/\%$	D_{90}/mm
J06		0.102～0.109	0.0778～0.133	0.44～2.04	38
J14		0.102～0.117	0.0788～0.133	0.44～1.73	37
J21	Wilcock et al. (2001)	0.099～0.118	0.0654～0.1259	0.32～1.75	36
J27		0.093～0.111	0.0495～0.1297	0.1～1.68	33
BOMC		0.088～0.121	0.0285～0.095	0.06～1.62	31
Oak Creek	Milhous（1973）	0.11～0.445	0.0418～0.929	0.83～1.08	94
SD2.5	Patel et al.（2015）	0.067～0.094	0.039～0.068	0.39～0.46	11.3

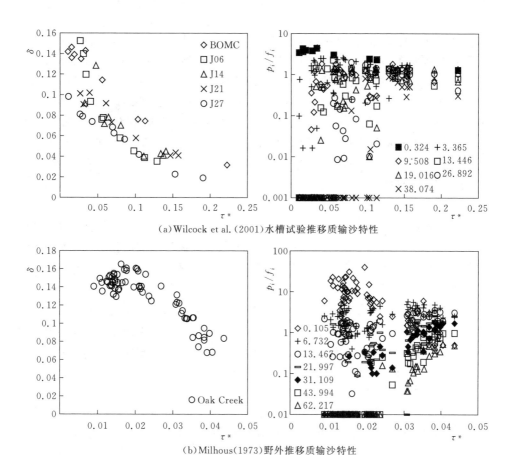

（a）Wilcock et al.（2001）水槽试验推移质输沙特性

（b）Milhous（1973）野外推移质输沙特性

图 3.7（一） 推移质泥沙与表层床沙特性分析

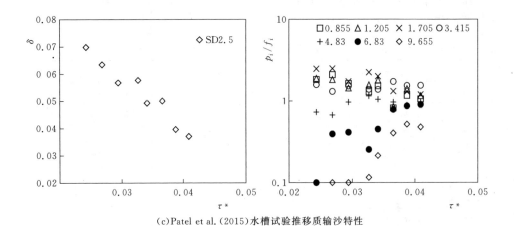

(c)Patel et al.(2015)水槽试验推移质输沙特性

图 3.7（二） 推移质泥沙与表层床沙特性分析

图 3.7（a）展示了 Wilcock et al.（2001）水槽试验推移质输沙特性；图 3.7（b）展示了 Milhous（1973）野外推移输沙特性；图 3.7（c）展示了 Patel et al.（2015）水槽试验推移质输沙特性。

由图 3.6 及图 3.7 可以看出不同来源的试验数据展示出的 δ 随 τ^* 及各个粒径组 p_i/f_i 随 τ^* 的变化规律是一致的，这表明随着水流剪切应力的增加，推移质泥沙组成会逐渐接近表层床沙组成，趋近于等可动输沙模式。

3.3　遮蔽函数

3.2 节直接从水槽及野外输沙试验数据出发对非均匀沙的输移模式进行了讨论，图 3.6 与图 3.7 通过探讨推移质泥沙与表层床沙之间的相关关系随水流剪切应力的变化规律非常直观地体现了非均匀沙推移质运动的粒径分选过程，也即非均匀沙的起动规律。

由于颗粒之间的作用，与相应粒径的均匀沙输移相比，非均匀沙中粗颗粒会变得易于起动，而细颗粒会变得难以起动。这就导致了不同床沙组成及水流条件下不同的推移质运动模式。在非均匀沙输沙模型中通常使用遮蔽函数来描述非均匀沙粗颗粒的暴露作用及粗颗粒对细颗粒的遮蔽作用。

遮蔽函数 η_i 通常定义为非均匀沙中第 i 个粒径组的参照切应力 τ_{ri} 与该粒径组均匀沙的参照切应力 τ_{ri0} 之比，表示由于床沙的非均匀性，非均匀沙中各个粒径组的参照切应力 τ_{ri} 相比于对应粒径均匀沙参照切应力 τ_{ri0} 的增大或减小。

通常来说，遮蔽函数采用式（3.2）表达：

$$\frac{\tau_{ri}}{\tau_{rm}} = \left(\frac{D_i}{D_m}\right)^c \tag{3.2}$$

式中：τ_{rm} 为非均匀沙表层床沙几何平均粒径 D_m 的参照切应力，关于参数 c 的讨论此处不再赘述。

考虑到现有遮蔽函数对参数率定的依赖性以及参数较大的变化范围，并不具有一般性。因此，研究尝试建立一个新的遮蔽函数来描述非均匀沙起动过程中的遮蔽暴露作用，并可同时适用于室内水槽及野外实际河流。

3.3.1 Duan 和 Scott（2007）方法评述

鉴于本书中关于遮蔽函数的建立借鉴了 Duan 和 Scott（2007）中阻力叠加的思想，因此需于对其工作及其存在的问题进行简要的介绍。

Duan 和 Scott（2007）第一次试图从理论上去推导遮蔽函数，揭示非均匀沙粒径分选特性的内在机理及影响因素。对于具有 n 个粒径分组的非均匀床沙，Duan 和 Scott（2007）假设床面总体切应力 τ 可认为是作用在床沙各个粒径组上的切应力 τ_i 之和，表达式如下：

$$\tau = \sum_{i=1}^{n} f_i \tau_i \tag{3.3}$$

对于非均匀床沙各个粒径组承担的切应力 τ_i，可认为等于相应粒径均匀沙床面在具有同样水深和平均流速的水流作用下所承担的切应力 τ_{i0}，式（3.3）可进一步写为

$$\tau = \sum_{i=1}^{n} f_i \tau_i = \sum_{i=1}^{n} f_i \tau_{i0} \tag{3.4}$$

由于假定作用在非均匀沙和各个粒径组均匀沙上的水流的水深及平均流速是相同的，因此可根据如下的对数流速分布律求解作用在各个粒径组均匀沙上的水流切应力。

$$\frac{V}{u_{*i}} = \frac{1}{\kappa}\left(\ln\frac{h}{D_i} - 1 + \frac{D_i}{h}\right) + B\left(1 - \frac{D_i}{h}\right) = F\left(\frac{D_i}{h}\right) \tag{3.5}$$

即作用在均匀沙粒径组 D_i 上的切应力 τ_{i0} 为

$$\tau_{i0} = \rho u_{*i}^2 = \frac{\rho V^2}{F^2\left(\dfrac{D_i}{h}\right)} \tag{3.6}$$

同样的，作用在均匀沙粒径组 D_j 上的切应力 τ_{j0} 为

$$\tau_{j0} = \rho u_{*j}^2 = \frac{\rho V^2}{F^2\left(\dfrac{D_j}{h}\right)} \tag{3.7}$$

因此可得下式：

$$\frac{\tau_{j0}}{\tau_{i0}} = \frac{F^2\left(\dfrac{D_i}{h}\right)}{F^2\left(\dfrac{D_j}{h}\right)} \tag{3.8}$$

因此可知，在水深 h 及平均流速 V 的水流条件作用下，非均匀沙床面上的总体切应力为

$$\tau = \sum_{j=1}^{n} f_j \tau_{j0} = \sum_{j=1}^{n} f_j \frac{F^2\left(\dfrac{D_i}{h}\right)}{F^2\left(\dfrac{D_j}{h}\right)} \tau_{i0} \tag{3.9}$$

当均匀沙 D_i 处于临界起动状态时，作用在均匀沙 D_i 上的切应力 $\tau_{i0} = \tau_{ri0}$。Duan 和 Scott（2007）认为此时非均匀沙中 D_i 粒径组也应处于临界起动状态，此刻作用在非均匀沙床面上的总体切应力 τ 等于 D_i 粒径组的参照切应力 τ_{ri}，因此可得：

$$\tau_{ri} = \sum_{j=1}^{n} f_j \frac{F^2\left(\dfrac{D_i}{h}\right)}{F^2\left(\dfrac{D_j}{h}\right)} \tau_{ri0} \tag{3.10}$$

进一步可求得遮蔽函数为：

$$\eta_i = \frac{\tau_{ri}}{\tau_{ri0}} = \sum_{j=1}^{n} f_j \frac{F^2\left(\dfrac{D_i}{h}\right)}{F^2\left(\dfrac{D_j}{h}\right)} = F^2\left(\dfrac{D_i}{h}\right) \sum_{j=1}^{n} \frac{f_j}{F^2\left(\dfrac{D_j}{h}\right)} \tag{3.11}$$

对于均匀沙的无量纲参照切应力 $\tau_{ri0}^* = 0.047$，即 $\tau_{ri0} = 0.047(\gamma_s - \gamma)D_i$。

由式（3.11）可以看出非均匀沙遮蔽函数不仅与床沙组成有关，也受到水深 h 的直接影响。Duan 和 Scott（2007）第一次将水深 h 对非均匀沙起动的影响显示地表达出来，他们认为当水深 h 增大，遮蔽函数 η_i 会增大，粗颗粒的暴露作用会增强，细颗粒受到的遮蔽作用也会增强；当水深 h 增大到一定程度后，粗细颗粒之间的差别相对于水深来说足够小，各个粒径级的泥沙会趋近于在同一水流条件下起动，也就是等可动性输移。这与以往的研究结论和 3.2 节中的实测数据分析结果是一致的。

然而细致来看，式（3.11）遮蔽函数公式并不支撑上述结论，当水深 h 增大到一定程度后，不同粒径之间的差别相对水深来说可以忽略，可知遮蔽函数 η_i 接近于 1，根据式（3.11）可知 $\tau_{ri} = \tau_{ri0} = 0.047(\gamma_s - \gamma)D_i$，也即 $\tau_{ri}^* = 0.047$，该式表明推移质颗粒处于选择性输移模式。这恰恰与已知的结论相违背。

根据卵砾石河流 Las Vegas Wash 中 Delta 断面的床沙级配，Duan 和 Scott（2007）给出了遮蔽函数在不同水深下的数值结果，本书选取其中水深

$h = 0.25\text{m}$ 及 $h = 3.0\text{m}$ 的结果，见图 3.8。然后根据遮蔽函数值计算各个粒径组的参照切应力 τ_{ri}，并绘制 τ_{ri} 随粒径 D_i 的关系曲线，如下图所示。

当 $h = 3.0\text{m}$ 时，各个粒径组的参照切应力 τ_{ri} 随粒径 D_i 已经接近线性变化，这与根据遮蔽函数公式分析得出的结论一致，随着水深增大，推移质颗粒逐渐接近选择性输移模式，这显然是与实际情况不符的。当 $h = 0.25\text{m}$ 时，由图中可以看出随着粒径 D_i 的增加，各个粒径组的参照切应力 τ_{ri} 却出现先增加然后减小的趋势，这显然是存在问题的。实际输沙中，即便考虑到粗颗粒的暴露及细颗粒受到的遮蔽作用，细颗粒仍然比粗颗粒易于起动，τ_{ri} 与粒径 D_i 应该是单调增加的关系。

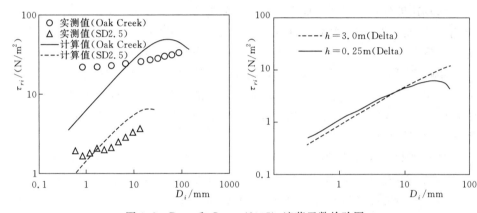

图 3.8　Duan 和 Scott（2007）遮蔽函数检验图

为进一步对 Duan 和 Scott（2007）遮蔽函数公式进行检验，图 3.8 中点绘了 Oak Creek 和 SD2.5 两组数据的 τ_{ri}-D_i 关系曲线，并通过遮蔽函数公式给出了两组数据相应的 τ_{ri}-D_i 计算曲线。显而易见，两组数据对应的遮蔽函数计算值与实测值并不相符，并且 τ_{ri}-D_i 呈现出的整体变化趋势与图 3.8 中 Duan 和 Scott（2007）根据 Las Vegas Wash 卵砾石河流 Delta 断面床沙得出的遮蔽函数趋势一致，根据上文的讨论，这种变化趋势是与实际物理现象相违背的。

综上，不管是从遮蔽函数公式结构还是从数据验证的结果来看，该式都存在较大的问题，主要原因可能在于以下两点：

（1）非均匀沙床面总体切应力可以认为是作用在非均匀沙各个粒径组上的切应力之和，各个粒径组上的切应力等于作用在该粒径均匀沙床面上的切应力，从应力分解的角度来理解这点并不存疑。在求解非均匀沙各个粒径组所承担的切应力时，作用在非均匀沙床面及各个粒径组均匀沙床面上的水流的水深 h 及平均流速 V 是保持一致的，以此为条件根据对数流速分布即可计算非均匀沙各个粒径组上的切应力，进而求得非均匀沙床面上的总体切应力。非均匀沙床面及各个粒径组均匀沙床面上作用水流的水深 h 及平均流速 V 保持一致并不存在问题,因为可以通过调整比降 S 来适应不同粒径床面的等效粗糙。

问题的关键在于各个粒径组 D_i 均匀沙的等效粗糙高度即为各个粒径组的粒径值 D_i,这与尼古拉兹阻力试验研究成果是相符的。但是根据最新的管道阻力试验(Cheng et al.,2016)成果,对于多层泥沙颗粒构成的渗透河床,阻力关系与尼古拉兹或 Manning-Strickler 等传统的 1/6 指数型阻力关系并不一致,而是与存在大粗糙的明渠流动 1 次方指数型阻力关系相符合。阻力是求解非均匀沙起动问题的关键所在,对阻力问题的认知模糊是 Duan 和 Scott(2007)遮蔽函数公式的关键症结点。

(2)在进行非均匀沙床面总体切应力分配时,Duan 和 Scott(2007)认为作用在各个粒径组均匀沙床面上的切应力之和即为非均匀沙床面的总体切应力,并且当某一粒径组均匀沙处于临界起动状态时,非均匀沙中该粒径组泥沙也处于临界起动状态。但是根据河床自动调整假说,若干个粒径组的均匀沙组合成非均匀床沙时,床面泥沙会朝着阻力最大的方向进行调整,达到消耗最大水流能量的最优床面状态。也就是说作用在非均匀沙各个粒径组上的切应力并不等于相应粒径均匀沙床面上的切应力。

总的来说,非均匀沙起动本质上是阻力的求解与分配问题,Duan 和 Scott(2007)指明了方向,但是在具体实施上仍然值得改进和深入思考。

事实上,也可以从非均匀沙输沙试验的角度理解 Duan 和 Scott(2007)遮蔽函数公式。对于任一给定组成的非均匀床沙,在某一水流条件(水深 h、流量 Q)范围内进行输沙试验,一般进行 10 个左右不同水深 h 或流量 Q 的试验,获取这些不同测次下的水流及输沙数据,按照参考输沙率方法(Reference Transport Method)根据这些不同测次下的水流输沙关系曲线插值求得无量纲输沙率取参照值 0.002 时的参照切应力。可以看出对于给定组成的非均匀床沙,在某一水深范围内(对应特定的阻力关系),各个粒径组泥沙 D_i 具有单一的参照切应力值 τ_{ri},并不和水深 h 具有显式的直接对应关系。也就是说对于一组非均匀沙混合物,其床沙组成就决定了其中各个粒径组泥沙的起动情况,并不受水深 h 的影响,这也是为什么以往的研究中仅仅使用当前泥沙分组粒径与非均匀沙特征粒径的比率作为参数来量化非均匀沙遮蔽函数。然而正如 Duan 和 Scott(2007)文中所述,实测资料表明水流条件变化确实会影响非均匀沙颗粒起动,这本质上是由于水流条件的改变使得阻力关系变化所引起的,并不是和水深 h 具有显式的直接对应关系。

虽然存在问题,但是 Duan 和 Scott(2007)将非均匀沙床面切应力分配到各个粒径组再分别求解的思路给理论推求遮蔽函数提供了一种思路,为本书遮蔽函数模型的建立提供了思想源泉。

3.3.2 模型建立

非均匀沙床面上单个颗粒泥沙的起动既可以使用通过局部受力或力矩平衡求得的局部临界水流条件，也可以使用通过平均水流条件求得的床面总体切应力来描述。在此通过将 Egiazaroff（1965）颗粒临界起动的局部水流条件的求解方法与 Duan 和 Scott（2007）床面总体切应力的分配方法结合起来，建立非均匀沙遮蔽函数模型。

首先求解颗粒处于临界起动状态时的局部水流条件。

图 3.9 中，通常来说，在非均匀沙床面上，泥沙颗粒会受如下几种力：水下重力 W，水流拖曳力 F_D，水流上举力 F_L，床面正应力 F_N 及由于毗邻颗粒引起的阻力 F_f，图中 β 代表河床底坡角，$u(z)$ 为垂线流速分布示意图。

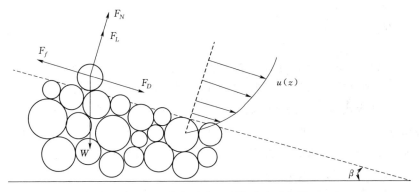

图 3.9　非均匀沙床面颗粒受力示意图

颗粒起动的局部临界水流条件可以通过建立颗粒受力或者力矩平衡求解，不失一般性，假设 D_i 粒径组中的一个泥沙颗粒以滑动或滚动的运动模式在非均匀沙床面恰好处于运动或静止状态。作用在 D_i 粒径组上的床面切应力可以通过颗粒局部受力平衡求得，水下重力的切向分力、水流拖曳力及上举力促使颗粒运动，阻力及水下重力的垂向分力则阻碍颗粒运动。在平衡流动条件下，D_i 粒径组的受力平衡方程可列为

$$\frac{\rho \pi c_D}{2}\left(\frac{D_i}{2}\right)^2 u_i^2 + \frac{4\pi(\gamma_s - \gamma)}{3}\left(\frac{D_i}{2}\right)^3 \sin\beta$$

$$= \mu_c\left[\frac{4\pi(\gamma_s - \gamma)}{3}\left(\frac{D_i}{2}\right)^3 \cos\beta - \frac{\rho \pi c_L}{2}\left(\frac{D_i}{2}\right)^2 u_i^2\right] \qquad (3.12)$$

式中：ρ 为水体密度；g 为重力加速度；$\gamma = \rho g$ 为水体重度；$\gamma_s = \rho_s g$ 为泥沙颗粒重度；c_D、c_L 分别为水流拖曳力及上举力系数；u_i 为颗粒中心处的水流速度 u_{fi} 和颗粒运动速度 u_{pi} 之间的速度差；μ_c 为阻力系数，对于运动颗粒 μ_c

等于动摩擦系数 μ_{cm}；对于静止颗粒 μ_c 等于静摩擦系数 μ_{cs}；为简单计，此处假设运动颗粒的动摩擦系数 μ_{cm} 等于静止颗粒的静摩擦系数 μ_{cs}，并用 μ_c 表示。

求解式（3.12）颗粒受力平衡方程，可得流速差 u_i 满足下式：

$$u_i^2 = \frac{8}{3} \frac{\dfrac{\gamma_s - \gamma}{\gamma} g \mu_c \cos\beta}{c_D + \mu_c c_L} \left(1 - \frac{\tan\beta}{\mu_c}\right) \frac{D_i}{2} \tag{3.13}$$

考虑到山区卵砾石河流大粗糙及浅水流动特性，等效粗糙高度 K_s 一般与水深 h 在同一量级，相对粗糙高度（K_s/h）较大，相比于平原河流来说，边界层未能充分发展。在这种情况下，相比适用于深水区的对数流速分步，式（3.14）所示的适配型的指数型流速分布更适合于描述山区卵砾石河流的水流流动特性。

$$\frac{u_f}{u_*} = a \left(\frac{z + z_0}{K_s}\right)^b \tag{3.14}$$

式中：u_f 为距离非均匀沙床面 z 处的水流速度；u_* 为床面剪切流速；z_0 为参考高度，指的是非均匀沙床面与理论床面（即理论流速零点）之间的距离；K_s 为等效粗糙高度，本模型中取 $K_s = D_{90}$，D_{90} 表示非均匀床沙中小于该粒径的泥沙质量占总质量的 90% ；a、b 为指数流速分布的系数。以往的研究表明，指数流速分布律通过调整参数 a、b 来适应不同的水流流动情况，参数 a、b 又由相对水深 h/K_s 决定。例如，Carson et al.（1972）给出了可覆盖不同淹没深度范围的三段式指数流速分布律：当 $10 < h/K_s < 100$ 时，$b = 1/6$；当 $1 < h/K_s < 10$ 时，$b = 1/2$；当 $0.5 < h/K_s < 1$ 时，$b = 1$。Parker et al.（2007）建议对于平滩情况下的卵砾石河流：$a = 3.71$，$b = 0.263$。

式（3.13）通过颗粒受力平衡方程式求解了流速差 u_i，其中 $u_i = u_{fi} - u_{pi}$。对于停止在床面上的推移质颗粒，颗粒运动速度 u_{pi} 等于 0，因此可知 u_i 等于水流速度 u_{fi}；对于运动颗粒，流速差 u_i 仍然使用水流速度 u_{fi} 近似，显然，颗粒运动速度 u_{pi} 的忽略会导致对流速差 u_i 的高估，但这种高估可以通过由 $\mu_{cm} = \mu_{cs}$ 的假设而引起的运动颗粒的阻力增加来抵消或者平衡。需要指出的是，这种粗糙的近似处理方法仅仅是为了得到形式简单的作用在 D_i 粒径组上的切应力计算式，因为下文推导需要的只是该切应力计算式的概化表达形式。

因此，流速差 u_i 可以使用泥沙颗粒中心处的水流速度 u_{fi} 来表达，根据式：

$$u_i = a u_{*i} \left(\frac{0.5 D_i + z_0}{K_s}\right)^b \tag{3.15}$$

式中：u_{*i} 为非均匀沙床面上第 i 个粒径组 D_i 所承受的局部水流剪切流速。

式（3.15）表明非均匀沙床面上各个粒径组上的水流剪切流速或切应力可能是不同的。

在指数流速分布律下，可得非均匀沙床面上第 i 个粒径组泥沙 D_i 所承受的床面局部切应力 τ_i：

$$\tau_i = \rho u_{*i}^2 = K D_i \left(\frac{0.5D_i + z_0}{K_s} \right)^{-2b} \tag{3.16}$$

$$K = \frac{4}{3} \frac{(\gamma_s - \gamma)\mu_c \cos\beta}{c_D + \mu_c c_L} \left(1 - \frac{\tan\beta}{\mu_c} \right) a^{-2} \tag{3.17}$$

式中：K 为系数。

对于给定的床沙组成，系数 K 可以被当作常数，与当前粒径组粒径 D_i 无关。式（3.16）中 D_i 粒径组泥沙承受的床面局部切应力 τ_i 是针对非均匀沙中指定粒径组泥沙颗粒的，但该式同样适用于均匀沙起动情况。对于均匀沙输沙实验，通常来说取如下参数：$c_D = 0.45$，$c_L = 0$，$\beta = 0$，$\mu_c = 0.7$，$z_0 = 0.2D_i$，$b = 1/6$，$a = 9$；通过式（3.16）可计算得均匀沙的无量纲临界起动剪切应力等于 0.028，该值符合 Parker（2008）所建议的数值。

现在要求得在同样的流动条件下，非均匀沙床面上第 j 个粒径组泥沙 D_j 所承受的床面局部切应力 τ_j。根据 Parker（2008）的床面自动调整假说，卵砾石河流床面泥沙颗粒会进行自动调整到达与流动条件适配的某个最佳床面配置状态，使得床面上的停止颗粒承受着其可以承受的最大局部水流剪切应力。这意味着非均匀沙床面的各个粒径组均处于临界的起动状态，但是作用在各个粒径组上的局部水流剪切应力却可能是不同的，这种不同可能是由水流流动的非均匀性所引起的，比如空间变异分布的水深、能坡、流速及水流的紊动特性等。因此，类似的，通过 D_j 粒径组的局部水流剪切流速 u_{*j}，可以得到非均匀沙床面第 j 个粒径组泥沙 D_j 所承受的床面局部切应力 τ_j。

$$\tau_j = \rho u_{*j}^2 = K D_j \left(\frac{0.5D_j + z_0}{K_s} \right)^{-2b} \tag{3.18}$$

参数 K 同样按照式（3.17）取值。

由式（3.16）、式（3.18）可知，非均匀沙床面中第 i 粒径组和第 j 粒径组泥沙所承受的床面局部切应力 τ_i、τ_j 在同一水流条件下获得，二者之间具有如下关系：

$$\tau_j = \frac{D_j}{D_i} \left(\frac{0.5D_i + z_0}{0.5D_j + z_0} \right)^{2b} \tau_i \tag{3.19}$$

利用局部水流条件，建立泥沙颗粒受力平衡方程，求得了作用在非均匀沙不同粒径组上的局部水流剪切应力，现在利用 Duan 和 Scott（2007）床面总体切应力的分配方法求解床面总体切应力。

据前文所述，作用在非均匀沙床面上的水流切应力可以分配到各个粒径组上，即床面总体切应力 τ 可认为是作用在床沙各个粒径组上的切应力 τ_j 之和，公式如下：

$$\tau = \sum_{j=1}^{n} f_j \tau_j \tag{3.20}$$

当第 i 个粒径组泥沙颗粒处于临界起动状态时，床面总体切应力 τ 即等于第 i 个粒径组的参照切应力 τ_{ri}。根据式（3.20）可得 τ_{ri}：

$$\tau_{ri} = \sum_{j=1}^{n} f_j \tau_j = \sum_{j=1}^{n} f_j \frac{D_j}{D_i} \left(\frac{0.5D_i + z_0}{0.5D_j + z_0} \right)^{2b} \tau_i \tag{3.21}$$

根据 Duan 和 Scott（2007）的假设，当非均匀沙中第 i 粒径组泥沙处于临界起动状态时，该粒径组均匀沙 D_i 也处于临界起动状态，即 $\tau_i = \tau_{ri0}$，其中 τ_{ri0} 表示 D_i 粒径组均匀沙处于临界起动状态时的参照切应力值。这种假设表明非均匀沙中第 i 粒径组泥沙和 D_i 粒径组均匀沙具有同样的局部临界起动条件。考虑到卵砾石冲积河床会向着阻力最大的方向调整以达到最优床面形态，可以推论非均匀沙中第 i 粒径组处于临界状态时的局部水流条件可能会进行自动调整，而与 D_i 粒径组均匀沙的临界起动状态并不相同。因此，建议使用一个调整系数 λ_i 来表示这种非均匀沙各个粒径组泥沙颗粒局部切应力调整的集体行为，在此基础上可知第 i 粒径组的参照切应力 τ_{ri} 为

$$\tau_{ri} = \lambda_i \tau_{ri0} K_1 \frac{(0.5D_i + z_0)^{2b}}{D_i} \tag{3.22}$$

式中：$K_1 = \sum f_j D_j (0.5D_j + z_0)^{-2b}$ 为常数；$\lambda_i = \tau_i / \tau_{ri0}$ 为第 i 粒径组的调整系数。

同样的，对于表层床沙的几何平均粒径 D_m，可以得到 D_m 粒径组的参照切应力 τ_{rm} 为

$$\tau_{rm} = \lambda_m \tau_{rm0} K_1 \frac{(0.5D_m + z_0)^{2b}}{D_m} \tag{3.23}$$

根据前文 Parker（2008）关于河床自动调整至最优床面形态的研究，假设当非均匀沙中 D_i 粒径组泥沙颗粒处于临界起动状态时，作用在其上的无量纲临界切应力 τ_i^* 与非均匀沙中 D_m 粒径组泥沙颗粒处于临界起动状态时作用在其上的无量纲临界切应力 τ_m^* 相等。在充分发展湍流条件下，均匀沙的无量纲临界起动剪切应力为 0.03（Parker，2008），可知 $\tau_{ri0}^* = \tau_{rm0}^* = 0.03$。又根据 $\tau_i^* = \tau_m^*$，可知 $\lambda_i = \lambda_m$。上述假设可认为是均匀沙床面流动条件向非均匀沙床面流动条件的扩展。

综上，通过式（3.23），式（3.22）可以重写为

$$\frac{\tau_{ri}}{\tau_{rm}} = \left(\frac{0.5D_i + z_0}{0.5D_m + z_0} \right)^{2b} \tag{3.24}$$

式（3.24）中参考高度 z_0 是非常重要的参数，前文曾提及参考高度 z_0 为非均匀沙床面与理论床面（即理论流速零点）之间的距离。对于粒径为 D 的均匀床沙，Einstein 和 El－Samni（1949）建议 z_0 取 $0.2D$；Kironoto 和 Graf（1995）认为对非均匀床沙参考高度 z_0 应取 $0.2K_s$。前文提到等效粗糙高度 $K_s=D_{90}$，Rickenmann 和 Recking（2011）通过约 4000 组野外实测水流数据归纳得知，在缺失实测泥沙特征粒径 D_{90} 时，可用 $3.5D_{50}$ 来近似代替 D_{90}，因此可知 $z_0=0.7D_{50}$。考虑到 D_{50} 与表层床沙几何平均粒径 D_m 较为接近，为保持一致性，作如下合理近似：$z_0=\alpha D_m$，$\alpha=0.7$。需要注意的是，在不同的床沙组成及流动条件下参数 α 可能是变化的，现阶段还无法直接从理论上确定参数 α 的唯一精确值，关于参数 α 的敏感性分析在模型验证一节会进行详细讨论。

综上各种条件以及给定的 τ_{rm} 值，非均匀沙中第 i 个粒径组泥沙颗粒的遮蔽函数 $\eta_i=\tau_{ri}/\tau_{ri0}$ 以及遮蔽函数相对值 τ_{ri}/τ_{rm} 可以写为下式：

$$\eta_i=\frac{\tau_{rm}^*}{0.03}\left[\frac{D_i}{D_m}+\frac{\alpha}{0.5+\alpha}\left(1-\frac{D_i}{D_m}\right)\right]^{2b}\frac{D_m}{D_i} \tag{3.25}$$

$$\frac{\tau_{ri}}{\tau_{rm}}=\left[\frac{D_i}{D_m}+\frac{\alpha}{0.5+\alpha}\left(1-\frac{D_i}{D_m}\right)\right]^{2b} \tag{3.26}$$

由此可以看出 η_i 及 τ_{ri}/τ_{rm} 均与当前粒径 D_i、非均匀沙床沙组成及水流条件相关。对于不同的相对淹没深度，如前所述，参数 b 可取 1、1/2、1/6 或者 0.263，水流流动特性可能随参数 b 的取值而变化。

Wilcock 和 Crowe（2003）通过表层床沙输沙实验给出了表层床沙几何平均粒径 D_m 的无量纲参照切应力 τ_{rm}^* 的经验公式，公式如下：

$$\tau_{rm}^*=(\gamma_s-\gamma)\left[0.021+0.015\exp(-20F_s)\right]D_m \tag{3.27}$$

式中：F_s 为表层床沙中沙粒组泥沙的体积含量。

式（3.27）实质上是动床输沙阻力公式。由于现阶段仍然缺少有效的覆盖不同水流流动情况的动床输沙阻力公式，因此本研究中直接借用 Wilcock 和 Crowe（2003）推荐的动床输沙阻力公式。

式（3.25）和式（3.27）即为非均匀床沙第 i 粒径组的遮蔽函数公式。与以往的指数型遮蔽函数公式相比较，最显著的不同在于指数，前人的研究通常使用依赖实测输沙数据率定的变化范围较大的指数，或者寻求指数与相对粒径 D_i/D_m 之间的某种关系（Wilcock 和 Crowe，2003）。不同的相对水深情况下，水流流动特性、阻力关系会有显著的不同，本书的研究通过指数型流速分布公式直接将遮蔽函数公式的指数与水流流动特性建立关联，物理意义更加明确，为后续研究动床输沙的工作提供了有益的视角。此外，与已有研究不同的地方还在于引入了参考高度 z_0 来描述卵砾石可渗透河床平均床面以下水流流动特性的影响，而以往的研究可认为是参考高度 z_0 取 0 时的情况。

3.3.3　模型验证

下面通过文献中收集的实测室内水槽及野外河流试验数据对本书遮蔽函数公式进行验证。表 3.2 列出了 Wilcock et al.（2001）、Patel et al.（2015）的室内水槽试验数据及 Milhous（1973）、Gaeuman et al.（2009）的野外试验数据。

表 3.2　　　　　　　　　　　　　室内及野外试验数据汇总

组别	来源	h/m	$q/(\text{m}^2/\text{s})$	$S/\%$	D_{90}/mm	σ_n	h/D_{90}	沙粒组含量/%
J06	Wilcock et al. (2001)	0.10~0.11	0.08~0.13	0.44~2.04	38	2.9	2.68~2.86	6.2
J14		0.10~0.12	0.08~0.13	0.44~1.73	37	3.7	2.76~3.16	14.9
J21		0.1~0.12	0.07~0.13	0.32~1.75	36	4.6	2.75~3.28	20.6
J27		0.09~0.11	0.05~0.13	0.1~1.68	33	5.1	2.82~3.36	27
BOMC		0.09~0.12	0.03~0.09	0.06~1.62	31	7.6	2.84~3.9	34.3
SD2.5	Patel et al. (2015)	0.07~0.09	0.04~0.07	0.39~0.46	11	3.0	5.93~8.32	22
Oak Creek	Milhous (1973)	0.11~0.45	0.04~0.93	0.83~1.1	94	2.1	1.17~4.73	3.5
TRAL	Gaeuman et al. (2009)	2.6~2.8	5.03~7.29	0.07	128	1.9	19.9~21.8	1
TRGVC		2.0~2.6	3.88~6.74	0.15	142	2.3	13.9~18.2	4
TRLG		2.1~2.7	4.18~7.06	0.27	159	2.6	13.3~17.0	10
TRDC		1.9~2.7	4.53~7.15	0.24	166	4.8	11.5~16.4	15

表 3.2 列出了各组数据的水流及泥沙特性参数，包括水深 h、单宽流量 q、水面比降 S、泥沙特征粒径 D_{90}、表层床沙中沙粒组泥沙含量、相对水深 h/D_{90} 以及床沙混合物的非均匀程度参数 σ_n（其中，$\sigma_n = \sqrt{D_{84}/D_{16}}$，$D_{84}$ 和 D_{16} 分别表示小于该粒径的泥沙颗粒质量占样本总质量的 84% 及 16%）。根据各组数据的相对水深 h/D_{90} 的范围，可将上述数据分成 A、B 两组：A 组数据相对水深 h/D_{90} 范围为 1~10，包括 Wilcock et al.（2001）、Milhous（1973）及 Patel et al.（2015）三组数据；B 组数据相对水深 h/D_{90} 范围为 10~100，包括 Gaeuman et al.（2009）一组数据。

相应地，根据相对水深的不同范围，对于 A 组数据，遮蔽函数中参数 b 的值取 1/2；对于 B 组数据，遮蔽函数中参数 b 的值取 1/6。

采用表 3.2 中的数据，分别对遮蔽函数 η_i 及相对遮蔽函数 τ_{ri}/τ_{rm} 进行验证。图 3.10 点绘了实测数据的参照切应力 τ_{ri} 与相对粒径 D_i/D_m 之间的关系曲线，并绘制了遮蔽函数模型计算曲线。图3.10（a）表明本书提出的遮蔽函数模型与A组实测数据吻合良好，图3.10（b）B组数据的验证表明本书提出的遮蔽函数模型与实测数据符合较好，除了测点 TRLG 和 TRDC 中 D_i/D_m <0.1 的较细泥沙颗粒参照切应力值 τ_{ri} 存在高估。可能的原因在于表层床沙级配测量时小于 4mm 的泥沙颗粒被合计算作同一个粒径组，这导致了细颗粒测量并不准确，进而影响到后续输沙率及临界起动条件的计算。野外卵砾石河流中通常采用的测量表层床沙级配的 Wolman 数目法会导致细颗粒泥沙含量的偏低，因此，也就造成了细颗粒泥沙分组输沙率的偏高估计，所以细颗粒泥沙的参照切应力计算值会比真实值偏低，在图3.10（b）中就体现为实测值比模型计算值偏低。

从整体上来说，泥沙颗粒的参照切应力值 τ_{ri} 随着相对粒径 D_i/D_m 增加而增加，表明粗颗粒泥沙的起动比细颗粒需要更大的水流剪切应力，也就是说即便考虑了粗颗粒的暴露及细颗粒受到的遮蔽作用，相比粗颗粒泥沙，细颗粒泥沙仍然更加易于起动。观察图3.10（a）和图3.10（b）中各个不同来源数据的 D_i/D_m-τ_{ri} 关系曲线，存在明显的区分，这体现了表层床沙中沙粒组含量对推移质泥沙颗粒起动的影响。从表3.2中可以看出，A组数据中沙粒含量和非均匀床沙的非均匀程度参数 σ_n 均按照 Oak Creek、J06、J14、J21、SD2.5、J27、BOMC 的顺序增大，B组数据中沙粒组含量和非均匀程度参数 σ_n 均按照 TRAL、TRGVC、TRLG、TRDC 的顺序增大。这种顺序和图3.10（a）和图3.10（b）中参照切应力值 τ_{ri} 逐渐减小的趋势保持一致。这和以往的研究发现（Wilcock，1998；Wilcock 和 Crowe，2003）是一致的，床沙混合物中沙粒组泥沙会促进卵砾石颗粒的运动，沙粒组泥沙含量越高，卵砾石颗粒参照切应力值越小，越容易起动。

另外，由图3.10可以看出，D_i/D_m-τ_{ri} 关系曲线在 D_i/D_m <1 时相对平坦，在 D_i/D_m >1 时相对陡峭，也就是说对于粒径大于几何平均粒径 D_m 的粗颗粒泥沙，尽管暴露作用在增强，但其参照切应力 τ_{ri} 对粒径和水流阻力的增大变得更加敏感。Milhous（1973）认为对于粗颗粒泥沙，其无量纲临界起动切应力存在一个约为 0.03 的最小值，即临界起动切应力会随着粒径增加而增加。这也从侧面验证了图3.10中 D_i/D_m-τ_{ri} 关系曲线的变化趋势。

值得注意的是，室内水槽与野外试验数据的推移质泥沙颗粒的参照切应力 τ_{ri} 在量值上的差别。野外试验数据的参照切应力 τ_{ri} 通常大于 10Pa，但是室内水槽数据的参照切应力 τ_{ri} 往往小于 10Pa。同时，B组数据及A组数据中 Oak Creek 的 D_i/D_m-τ_{ri} 关系曲线相较其余数据明显更加平坦，这可能是由于野外卵砾石河流水流能量更大，河流功率 $[\rho g q S, N/(m \cdot s)]$ 更高。如前文所述，非均匀沙床面可进行自动调整以适应增加的水流剪切应力，直到推

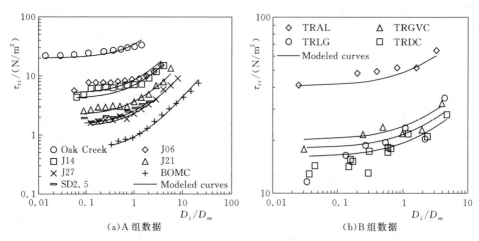

（a）A 组数据 　　　　　　　（b）B 组数据

图 3.10　参照切应力 τ_{ri} 与相对粒径 D_i/D_m 关系曲线计算值与实测值对比

移质泥沙颗粒达到等可动输移模式，各个粒径组泥沙均处于其临界起动状态。野外卵砾石河流水流能量较大，床面泥沙基本处于等可动性输移模式，以致 $D_i/D_m - \tau_{ri}$ 关系曲线较为平坦；并且，野外河流中较粗泥沙颗粒的起动也需要更大的水流剪切应力。

　　图 3.11 点绘了实测数据的无量纲的参照切应力 τ_{ri}/τ_{rm} 与相对粒径 D_i/D_m 之间的关系曲线，并绘制了遮蔽函数相对值 τ_{ri}/τ_{rm} 的模型计算曲线。图 3.11 结果表明，遮蔽函数相对值 τ_{ri}/τ_{rm} 在参数 $b=1/2$ 时与 A 组数据符合良好，在参数 $b=1/6$ 时与 B 组数据符合良好。此外，图 3.11 中还绘制了参数 b 取其他值时的遮蔽函数相对值曲线，以作为参照。

　　对于 A 组数据，参数 $b=1/6$ 时的遮蔽函数相对值曲线与颗粒粒径小于非均匀沙几何平均粒径的数据点（$D_i/D_m < 1$）符合较好；同样的，对于 B 组数据，参数 $b=1/2$ 时的遮蔽函数相对值曲线与颗粒粒径小于非均匀沙几何平均粒径的数据点（$D_i/D_m < 1$）符合也较好。当泥沙颗粒变粗，粒径大于几何平均粒径时，这两条曲线都会显著地偏离实测数据点。另外，当参数 $b=1$ 时，遮蔽函数相对值曲线与所有数据点均不符合。这些呈现出来的现象通常与水流流动特性直接相关，遮蔽函数相对值通过指数流速分布中的参数 b 体现不同的水流阻力特性的影响。而对于较细颗粒泥沙，在室内水槽和野外河流中，都以接近等可动模式的方式输移。

　　图 3.11 中 A、B 两组数据中 $D_i/D_m - \tau_{ri}/\tau_{rm}$ 关系曲线与图 3.10 中两组数据的 $D_i/D_m - \tau_{ri}$ 关系曲线斜率的趋势是一致的，A 组数据的关系曲线明显较 B 组数据的陡。图 3.11（a）参数 $b=1/2$ 时的 $D_i/D_m - \tau_{ri}/\tau_{rm}$ 关系曲线可以用分段点在 $D_i/D_m = 1$ 处的两段对数线性线段近似表示；而图 3.11（b）参数

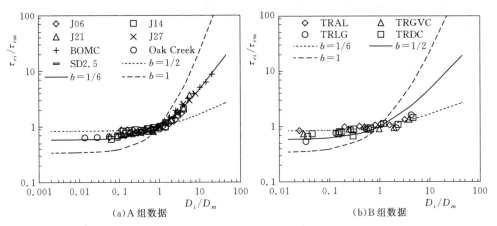

图 3.11　遮蔽函数相对值 τ_{ri}/τ_{rm} 与相对粒径 D_i/D_m 关系曲线计算值与实测值对比

$b=1/6$ 时的 $D_i/D_m - \tau_{ri}/\tau_{rm}$ 关系曲线可以直接用一段对数线性线段近似表示。考虑遮蔽函数一般方程式（3.2），显然，可以选用两个参数值 c 来描述 A 组数据遮蔽函数曲线，一个参数值 c 来描述 B 组数据遮蔽函数曲线。图 3.12 绘制了方程式（3.2）在参数 c 取不同数值情况下与两组数据对比图。观察图 3.12 可以发现，对于 A 组数据，当 $D_i/D_m<1$ 时，参数 c 最优值取 0.12；当 $D_i/D_m>1$ 时，参数 c 最优值取 0.67，这与 Wilcock 和 Crowe（2003）的试验研究成果一致。对于 B 组数据，根据 Buffington 和 Montgomery（1997）的研究综述，可能的参数 c 取值范围为 0.02～0.35，实际最优值为 0.13，该值与 A 组数据中 $D_i/D_m<1$ 时参数 c 取值 0.12 相近。根据以往的研究成果，由于水槽试验中水流强度较弱，而野外卵砾石河流中水流条件较强，导致遮蔽函数方程（3.2）的参数 c 在水槽试验中变化范围较大，而在野外中则变化较小。和以往的研究不同的是，本书将遮蔽函数中参数 b 与水流流动特性联系起来，并从机理上解释了遮蔽函数随水流流动特性的变化；并且参数 b 取值稳定，可以简单地通过流速分布曲线确定，因此本书提供了一个从物理机理上确定遮蔽函数的有效方法。

　　如前文 Carson 和 Kirkby（1972）所述，水流流速分布特性随相对水深变化而变化，指数函数流速分布的参数 b 随着相对水深增加分别可取 1、1/2、1/6。图 3.11 中遮蔽函数相对值 τ_{ri}/τ_{rm} 分别取不同 b 值时的关系曲线直接体现了相对水深对遮蔽函数的影响。总体来说，随着相对水深增加，参数 b 值逐渐减小，$D_i/D_m - \tau_{ri}/\tau_{rm}$ 关系曲线逐渐变得平坦，这表明不同粒径泥沙颗粒之间起动性的差别逐渐减小。事实上，水流的流速分布决定着近壁流体流动特性。从壁面开始，水流流速在垂向上逐渐增大，而增长的速率则取决于参数 b。参数 $b=1/6$ 的流速分布其流速增长率显然较参数 $b=1/2$ 的流速分布小，

即参数 $b=1/6$ 的流速分布其流速沿水深的变化更为缓慢。因此，在变化较为缓慢的流场中，不同粒径泥沙颗粒之间流速差值相对较小，对不同粒径之间泥沙颗粒起动情况的影响也就较小。也就是说，当相对水深较大时，近壁流场变化缓慢，各个粒径级之间的泥沙颗粒感受到的水流流速差值不大，其起动性差别也就不大，也就会接近等可动性输移模式，即 $D_i/D_m - \tau_{ri}/\tau_{rm}$ 关系曲线较为平坦，并接近于 $\tau_{ri}/\tau_{rm}=1$。

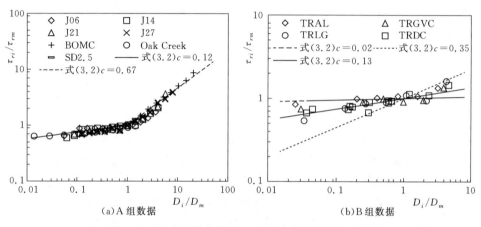

图 3.12　遮蔽函数方程（3.2）随参数 c 的变化曲线

对于卵砾石河流，Parker et al.（2007）建议指数函数流速分布的参数 b 取 0.263，该值在 $b=1/6$（$10<h/K_s<100$）和 $b=1/2$（$1<h/K_s<10$）之间，可能是适用于野外卵砾石河流的典型取值。图 3.13 展现了参数 b 分别取 0.263 和 1/6 时，遮蔽函数 τ_{ri} 公式在 B 组数据下的适用情况。图 3.13 表明参数 b 取 0.263 时 $D_i/D_m - \tau_{ri}$ 相比 b 取 1/6 时的遮蔽函数曲线较陡。两种 b 取值下的遮蔽函数曲线其实差别很小，对实测数据的模拟均较好。

图 3.14 绘制了遮蔽函数相对值 τ_{ri}/τ_{rm} 在 b 取 0.263 和 1/6 时对于 B 组数据各个测点数据的验证情况。与图 3.13 相似，参数 b 取 0.263 时，遮蔽函数相对值曲线 $D_i/D_m - \tau_{ri}/\tau_{rm}$ 较 b 取 1/6 时陡，并且二者之间的差别非常小，均能较好地模拟实测数据。这也从侧面证明参数 b 取 0.263 时的遮蔽函数公式及水流阻力公式均能较好地适用于野外卵砾石河流的。如前文讨论，b 取 0.263 和 1/6 时模拟结果差别较小的原因在于二者所代表的流速曲线是类似的，差别不大。

下面讨论指数流速分布中参考高度 z_0 对非均匀沙遮蔽效应的影响。前文中，指定参考高度 $z_0=\alpha D_m$，表征非均匀沙床面与理论床面之间的距离（Einstein 和 El-Samni，1949）。以往的研究中，通常在对数流速分布中引入该参数。在野外实际卵砾石河流中，床面通常是可渗透河床。Nikora et al.（2001）

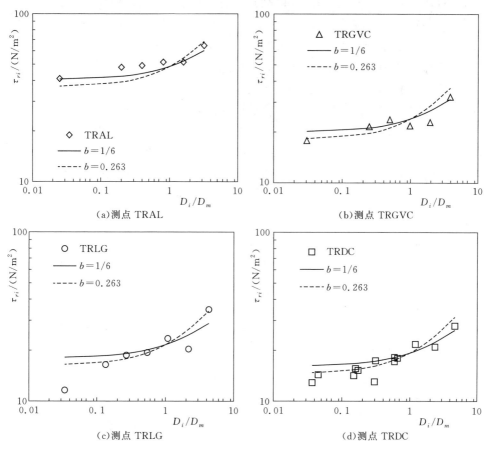

（a）测点 TRAL

（b）测点 TRGVC

（c）测点 TRLG

（d）测点 TRDC

图 3.13　相对水深对参照切应力 τ_{ri} 的影响

认为对于沙质及卵砾石河流，渗透河床中的颗粒间隙间的水流流动对平均水流流动特性及推移质运动都有显著影响，必须加以考虑。本书研究将 z_0 当作一个综合性参数，来描述非均匀沙平均床面以下的流动及颗粒间隙和界面之间的流动所产生的影响。

图 3.15 绘制了相对遮蔽函数 τ_{ri}/τ_{rm} 在参考高度 z_0 取不同数值时对 A、B 两组数据的验证情况。为方便对比，对于适用于

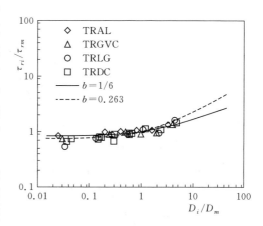

图 3.14　相对水深对 τ_{ri}/τ_{rm} 的影响

不同相对水深（$b=1/2$，$1/6$，0.263）下的遮蔽函数公式，均选取 5 个不同的 α 参数值（$\alpha=0$，0.2，0.4，0.7，1.4）探讨参考高度 z_0 对遮蔽函数的影响。由图 3.15 可以看出，参数 α 取 0.7 时可以同时较好地适用于室内水槽及野外卵砾石河流，因此可以作为一个有效合理的参数在遮蔽函数方程式中使用。显而易见，参数 α 取 0 时遮蔽函数方程式退化为对数线性方程，并不能描述分段的室内水槽试验数据。这直接从数据验证的角度表明了在遮蔽函数方程式中引入参数 α（参考高度 z_0）的必要性。随着参数 α 值从 0.2 增加到 1.4，遮蔽函数相对值曲线 $D_i/D_m - \tau_{ri}/\tau_{rm}$ 逐渐聚拢，这意味着遮蔽函数对参数 α 的取值并不敏感。从图（3.15）中可以看出，对于室内水槽及野外卵砾石河流，参数 α 的值在 $0.4 \sim 1.4$ 之间时遮蔽函数相对值计算曲线均可以与实测数据符合良好。

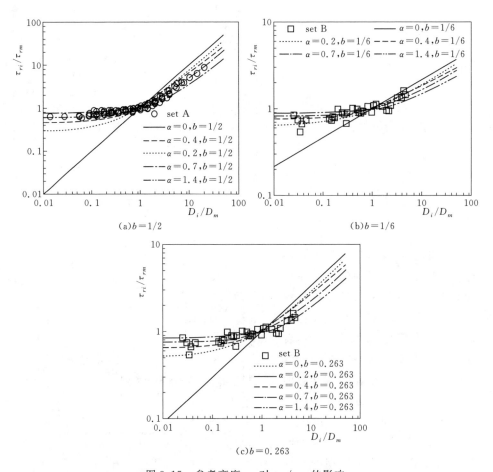

图 3.15　参考高度 z_0 对 τ_{ri}/τ_{rm} 的影响

国内外研究者（Gessler，1971；秦荣昱等，1996；陈有华等，2013）在计算非均匀沙床面泥沙颗粒临界起动平衡方程式时，通常引入一个附加阻力来描述非均匀沙颗粒之间作用力的影响。该附加阻力通常可归因于非均匀沙颗粒碰撞导致的动量传递，并且作为一个作用在非均匀沙平均床面上的作用力，其与表层床沙几何平均粒径 D_m 直接相关。本书则根据 Nikora et al.（2001）关于可渗透河床平均床面以下颗粒间隙流动的研究，引入参考高度 z_0 来表征渗透河床床面以下的水流流动特性的影响。根据前文所述的指数流速分布式（3.14），可以发现在非均匀沙平均床面上，即 $z=0$ 时，平均床面上存在水流流速 u_b，公式如下：

$$\frac{u_b}{u_*} = a\left(\frac{z_0}{k_s}\right)^b \qquad (3.28)$$

根据前文对参考高度 z_0 物理意义的讨论及其在遮蔽函数公式实测数据验证中引入的必要性，非均匀沙平均床面上非零流速的存在是完备的，符合物理认知与实际情况。非零流速 u_b 通过参考高度 z_0 与表层床沙几何平均粒径 D_m 相关，也即非均匀沙平均床面上存在与 D_m 相关的水流剪切应力。换言之，参考高度 z_0 的引入与前人关于非均匀沙床面附加阻力的研究异曲同工，具有等价的效果。与前人附加阻力的研究不同的是，该处通过参考高度 z_0 引入的水流剪切应力不仅依赖粒径 D_m，也与指数流速分布的参数 b 直接相关，即可体现不同相对水深情况下的水流流动特性的影响。

值得注意的是，参考高度 z_0 的引入或许可以一定程度上解释表层床沙中沙粒组颗粒对卵砾石起动输移的促进作用。如前文所述，随着表层床沙中沙粒组含量的增加，床面形态逐渐由卵砾石咬合交织的表面构造演变为内嵌卵砾石的沙质河床形貌。从参考高度 z_0 的物理意义来看，随着沙粒组含量的增加，粗颗粒之间的间隙会被细颗粒填充，因此也就导致 z_0 的减小。根据遮蔽函数方程式（3.22），参照切力 τ_{ri} 随着 z_0 的减小而减小，也就是随着沙粒组含量的增加而减小，即颗粒起动条件变弱，变得更加容易起动。本书的研究为从明渠水力学的角度定性理解表层床沙中沙粒组含量对卵砾石起动的促进作用提供了一种可能。

3.3.4 非均匀沙推移质输沙率

对于非均匀沙输移，通常的做法是将非均匀沙进行粒径分组，建立水流条件与分组推移质输沙率之间的关系，进而求得非均匀沙输沙率。

如前文所述，基于表层床沙的推移质输沙模型，通过对分组推移质输沙率进行归一化处理，建立无量纲分组推移质输沙率与无量纲水流剪切应力 φ 之间的关系：

$$W_i^* = f(\varphi) = f(\tau/\tau_{ri}) \tag{3.29}$$

式中：τ 为床面水流剪切应力；τ_{ri}（归一化参数）为粒径组 D_i 的参照切应力。

无量纲分组输沙率 W_i^* 定义如下：

$$W_i^* = \frac{(\gamma_s - \gamma) q_{bi}}{f_i \rho (\tau/\rho)^{1.5}} \tag{3.30}$$

在此基础上可进一步求得总的推移质输沙率 W：

$$W = \sum_{i=1}^{n} W_i \tag{3.31}$$

式中：ρ 为水流密度；γ 为水流重度；γ_s 为泥沙颗粒重度；q_{bi} 为第 i 粒径组的单宽体积输沙率；f_i 为表层床沙中第 i 粒径组所占体积百分比。

下面使用本书水槽试验数据以及收集的室内水槽及野外卵砾石河流试验数据绘制无量纲分组推移质输沙率 W_i^* 与无量纲水流剪切应力 $\varphi(\tau/\tau_{ri})$ 之间的关系曲线，见图 3.16。共使用 4 组数据：Milhous（1973）的野外试验数据；Wilcock et al.（2001）、Patel et al.（2015）以及本书的室内水槽试验数据。表 3.3 列举了 2 个非均匀沙分组推移质输沙率方程（Parker，1990；Wilcock 和 Crowe，2003）和 4 个均匀沙推移质输沙率方程（Ashida 和 Michiue，1972；Engelund，1976；Powell et al.，2001；Wong 和 Parker，2006），通过上述所列实测室内水槽及野外试验数据对这些方程的适用性进行了检验。

表 3.3 推移质输沙率方程汇总

来　源	推移质方程式	
Ashida 和 Michiue（1972）	$W_i^* = 17(1 - 1/\varphi) \cdot (1 - 1/\sqrt{\varphi})$	
Engelund（1976）	$W_i^* = 18.74(1 - 1/\varphi) \cdot (1 - 0.7/\sqrt{\varphi})$	
Powell et al.（2001）	$W_i^* = 11.2(1 - 1/\varphi)^{4.5}$	
Wong 和 Parker（2006）	$W_i^* = 3.97(1 - 1/\varphi)^{1.5}$	
Parker（1990）	$W_i^* = \begin{cases} 0.00218\varphi^{14.2} & (\varphi \leqslant 1) \\ 0.00218\exp[14.2(\varphi-1) - 9.28(\varphi-1)^2] & (1 < \varphi < 1.59) \\ 11.93(1 - 0.853/\varphi)4.5 & (\varphi \geqslant 1.59) \end{cases}$	
Wilcock 和 Crowe（2003）	$W_i^* = \begin{cases} 0.002\varphi^{7.5} & (\varphi < 1.35) \\ 14(1 - 0.894/\varphi^{0.5})4.5 & (\varphi \geqslant 1.35) \end{cases}$	

由图 3.16 可见，无量纲推移质输沙率 W_i^* 随着无量纲水流剪切应力 φ 的增大而增大，在 φ 较小时，W_i^* 增长较快，随着 φ 变大，W_i^* 逐渐变得平缓，可能受限于床沙补给或下切的限制。

总体来说，相比于 Parker（1990），Wilcock 和 Crowe（2003）的分组推移质输沙率方程整体上与实测数据符合得更好，除了当无量纲水流剪切应力 φ

小于 1 时，该方程式计算值较实测值略偏大。

观察分析上述非均匀沙及均匀沙推移质输沙率方程形式和曲线，当无量纲水流剪切应力 φ 足够大时，各个方程的极大值和计算曲线逐渐聚拢。这种结果与之前关于推移质泥沙颗粒运动模式的分析一致，当水流剪切应力足够大时，已经远远超过各个粒径泥沙颗粒的参照切应力，不同粒径泥沙颗粒之间起动性的差别相对变小且不再重要，最终接近等可动性输移模式，全部粒径泥沙颗粒均在运动中（Hunziker 和 Jaeggi，2002）。也就是说此刻非均匀沙可近似当作均匀沙处理，这样就解释了为什么均匀沙推移质输沙率方程在水流强度较大时可以近似用来描述非均匀沙推移质输沙率关系。从与实测数据的验证来看，Wong 和 Parker（2006）均匀沙推移质输沙率方程与高强度水流条件下的输沙数据符合较好。

借鉴 Parker（1990）、Wilcock 和 Crowe（2003）推移质方程式的推导方法及形式，依据上述 4 组实测试验数据，给出如下的推移质方程的回归经验公式：

$$W_i^* = \begin{cases} 0.002\varphi^{10} & (\varphi < 1.32) \\ 11.93\left(1 - \dfrac{0.853}{\varphi^{0.55}}\right)^{4.5} & (\varphi \geqslant 1.32) \end{cases} \quad (3.32)$$

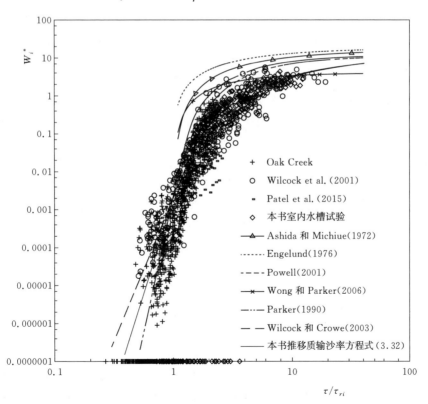

图 3.16 推移质输沙率方程与实测数据对比验证

3.3.5　粒径组 D_m 参照切应力 τ_{rm}^* 的影响

前文中分析非均匀沙颗粒起动条件时已指出，非均匀沙起动本质上是水流阻力的求解与其在床面上的分配问题，因此求解推移质输沙问题的根本在于水流阻力问题。以往的研究表明，从推移质输沙公式的参数及结构来看，无论是采用肤面阻力还是采用总阻力的概念，颗粒起动的临界剪切应力，即非均匀沙遮蔽函数，都是求解输沙率的关键。

本章的遮蔽函数模型在两个方面涉及水流阻力问题：在求解床面上泥沙颗粒所承受的局部水流切应力时引入流速分布曲线；在求解粒径组 D_i 的参照切应力 τ_{ri} 时引入表层床沙几何平均粒径 D_m 的无量纲参照切应力 τ_{rm}^* 的经验公式。下面对第二个问题进行一定的探讨。

Wilcock（1998）通过试验发现了非均匀沙中沙粒组含量对卵砾石起动的非线性促进作用。Wilcock 和 Crowe（2003）遮蔽函数公式中通过 τ_{rm}^* 经验公式量化了表层床沙中沙粒组含量对卵砾石起动的影响，前文指出该式实质上就是动床输沙的阻力公式，刻画了表层床沙组成在不同水流流动条件下的变化。

然而除了 Gaeuman et al.（2009）的工作，Wilcock 和 Crowe（2003）遮蔽函数公式并没有在野外河流中得到足够多的检验，可能的原因在于野外卵砾石河流表层床沙有效级配数据的获取上。Wilcock et al.（2001）在每组试验前测量了床沙级配分布，并在每个测次试验后立即通过拍照获得了严格的表层床沙级配数据，显然这两种级配数据是不同的。

Gaeuman et al.（2009）验证发现 Wilcock 和 Crowe（2003）遮蔽函数公式与野外实测数据存在偏差，他们通过野外实测数据对 Wilcock 和 Crowe（2003）遮蔽函数公式进行了重新率定，并认为仅使用表层床沙中沙粒组含量 F_s 并不能完整地反映表层床沙各个粒径级泥沙的特征信息，因此建议使用表层床沙级配分布的几何标准差 σ_{sg} 作为量化 τ_{rm}^* 的参数。然而，以往的研究认为表层床沙中沙粒组含量的变化是造成卵砾石起动特性变化的原因，表层床沙组成和级配的变化调整（σ_{sg}）是在水流作用下所呈现的结果。虽然参数 σ_{sg} 中包含 F_s 的作用，但是以 σ_{sg} 来描述表层床沙组成的变化过程是不合适的。

此外，在野外卵砾石河流中，试验测量过程中水流流量通常变化不大，表层床沙级配也基本保持不变，并且表层床沙是在一个直径为 40cm 深度为最大卵砾石颗粒粒径的区域中测量获得（Parker，2008）。因此，可以认为野外测量中的表层床沙级配即为 Wilcock et al.（2001）试验中的床沙级配。为检验 Wilcock 和 Crowe（2003）遮蔽函数公式在野外河流中的适用性，Gaeuman et al.（2009）通过 Wolman 数目法进行了表层床沙级配的测量，但是只能使用小流量情况下的表层床沙级配来表征实际水流条件下的表层床沙级配情况，并且单纯使用数目法并不能准确获得细颗粒泥沙的含量，所有这些因素都会导致预测与实际情况的偏离。

Wilcock et al.（2001）在试验中通过摄影技术精准地测量了表层床沙级配数据，Wilcock 和 Crowe（2003）进一步给出了表层床沙级配与床沙混合物级配之间的关系，这为进行两者之间级配特征值的转换提供了参考依据，也为应用 Wilcock 和 Crowe（2003）遮蔽函数公式中 τ_{rm}^* 经验公式提供了可行的路径。虽然室内水槽与野外卵砾石河流试验存在差别，但是 Wilcock et al.（2001）和 Wilcock 和 Crowe（2003）相关级配测量精确且建模过程清晰，因此当前阶段仍然推荐使用 Wilcock 和 Crowe（2003）中给出的 τ_{rm}^* 经验公式来描述表层床沙组成分布随水流条件的变化过程。

3.4　小结

本章进行了室内水槽条件下陡坡卵砾石输沙试验，初始床面比降为 4.9%，共选取了两组不同组成的床沙混合物，进行了 19 组不同流量的试验测次。试验中进行了基本的水力学及推移质输沙数据的量测，并在每组试验测次后测量了三维床面地形场。

通过分析本书试验数据及文献中收集的室内水槽和野外河流数据，进行了推移质泥沙运动模式的分析，结果表明随着水流切应力增加，推移质泥沙级配分布逐渐接近表层床沙的级配分布，当水流剪切应力足够大时，推移质泥沙的级配分布与表层床沙的级配分布非常接近，推移质运动已达到等可动性输移模式。此外，当水流切应力较小时，与表层床沙组成相比，推移质泥沙中细颗粒所占比重较粗颗粒大，随着水流切应力的增加，推移质泥沙中细颗粒与粗颗粒的组成与表层床沙组成趋于一致。

本章建立了一个有效的基于表层床沙组成的遮蔽函数模型用以描述非均匀沙颗粒起动时的遮蔽暴露作用。使用近壁水流条件建立非均匀沙床面上颗粒受力平衡方程式，并通过指数流速分布求解得出作用在非均匀沙粒径分组上的水流剪切应力。借鉴 Duan 和 Scott（2007）床面总体切应力在各个粒径分组上的分配方法以及非均匀沙床面自动调整假说，通过作用在各个粒径组上的局部水流剪切应力求解得到床面总体剪切应力。新的遮蔽函数模型通过实测室内及野外试验数据进行了检验，结果表明新的模型能较好地应用到室内水槽及野外卵砾石河流中。

除了床沙组成，本书的遮蔽函数模型与相对水深及流速分布中的参考高度密切相关。依据前人的研究，根据相对水深 h/K_s 的不同范围，指数流速分布可分为 3 个区域：当 $10<h/K_s<100$ 时，$b=1/6$；当 $1<h/K_s<10$ 时，$b=1/2$；当 $0.5<h/K_s<1$ 时，$b=1$。参数 b 取 1/6 和 1/2 时，遮蔽函数分别适用于野外卵砾石河流及室内水槽。此外，Parker et al.（2007）推荐的参数 $b=0.263$ 同样可以较好地适用于野外卵砾石河流。考虑到卵砾石河床的可渗透性，引入参考高度 z_0 来描绘平均床面以下及颗粒间隙间的水流流动。分析表明参考高度 z_0 与前人关于非均匀沙床面附加阻力的研究具有等价的效果，且能反映不同相对水深情况下不同的水流流动特性。敏感性分析表明当 $z_0=0.4D_m\sim1.4D_m$ 时，遮蔽函数公式可同时适用于室内水槽及野外卵砾石河流，现阶段该取值范围可在遮蔽函数公式中直接应用。未来动床条件下流速分布曲线的研究应用会为当前工作带来提高和改善。

新的遮蔽函数模型物理意义明确，对非均匀沙泥沙颗粒起动机理的认识更加清晰，为下一步的研究工作提供了有益的视角。室内水槽及野外试验数据之间的区别及联系得到了更加深入的理解。表层床沙中沙粒组含量对非均匀沙卵砾石颗粒起动影响的量化及更具适用性的流速方程是下一阶段研究工作的重点。

本章最后对阻力与输沙的内在联系进行了探讨。通过粒径组 D_m 的参照切应力 τ_{rm}^* 经验公式的引入，描绘了表层床沙组成在水流作用下的调整变化，即动床条件下的阻力关系，这个关系是阻力与输沙工作的核心内容。

第4章 床面形态与推移质运动

山区河流中泥沙推移运动会给出不同的床面形态/结构,并随着水流条件的变化而演变。床面形态/结构会耗散部分水流能量从而导致可用于泥沙起动输移的水流能量减少。因此,研究床面形态/结构特征,分析不同床面形态/结构下泥沙输移行为对于推移质输沙率的计算至关重要。

4.1 床面形态特征分析

本书进行了四川龙溪河流域的野外观测及室内循环水槽输沙试验,相应地,分别测量了野外河流的河床纵剖面曲线及室内水槽试验的床面三维地形场。以床面高程标准差 σ、河床结构强度参数 S_P 作为量化床面形态/结构特征的主要参数,分析野外河流及室内水槽的实测地形数据。

4.1.1 龙溪河河床纵剖面曲线

第 2 章已对龙溪河流域的现场观测进行了详细的说明,下面给出 2012 年 9 月龙溪河流域主沟 7 号河段的测量结果,见图 4.1。

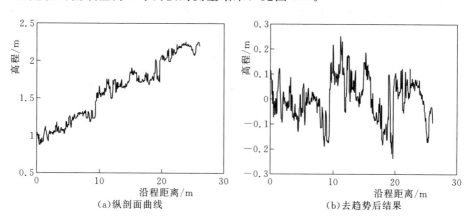

图 4.1 龙溪河流域主沟 7 号河段河床纵剖面曲线

根据原河床纵剖面高程曲线 [图 4.1 (a)] 可直接求得河床结构强度参数 S_P;根据去趋势之后的河床纵剖面高程曲线 [图 4.1 (b)] 可直接求得高程标准差 σ。

受 S_P 量测装置所限，野外河流实际测量中最小空间点取样间隔为 5cm，为分析更高精度下的高程标准差 σ 及河床结构强度参数 S_P 的行为表现，根据图 4.2 中的方法进行了内插。

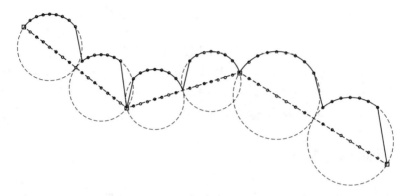

图 4.2　河床纵剖面曲线内插方法示意图

图 4.2 中共计 4 个实测点，在每两个实测点之间插入两个圆，圆的直径为两实测点直线距离的一半。在每两个实测点之间均匀得插入 15 个虚拟点，即将两实测点之间的距离进行 16 等份，前 8 个点落在第一个圆上，后 7 个点落在第二个圆上，根据已知数据求解内插点高程，实测点高程保持不变。新得到的河床纵剖面曲线的空间点取样间隔为 0.3125cm/个。

仍以龙溪河流域 2012 年 9 月主沟 7 号河段为例，绘制内插之后的河床纵剖面高程曲线与原纵剖面高程曲线对比图，见图 4.3。

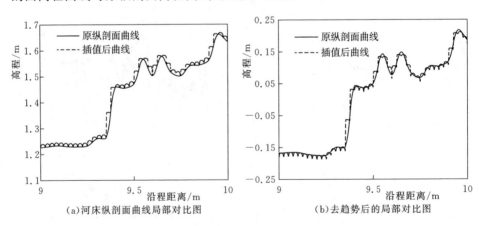

(a)河床纵剖面曲线局部对比图　　(b)去趋势后的局部对比图

图 4.3　内插河床纵剖面高程曲线与原纵剖面高程曲线对比示意图

显然可见，内插之后的河床纵剖面曲线与原曲线在整体形状上并没有不同，只是在插值后局部细节更加丰富。对插值之后的河床纵剖面曲线的高程标

准差 σ 及河床结构强度参数 S_P 也进行了计算。

为直观展示空间测点间距 Δ 对河床纵剖面曲线的高程标准差 σ 的影响，以各个河段的实测河床纵剖面高程曲线（$\Delta = 5\text{cm}$）的 σ 为横坐标，以各个河段其他空间测点间距下的高程曲线的 σ 为纵坐标绘制其关系曲线，见图 4.4。

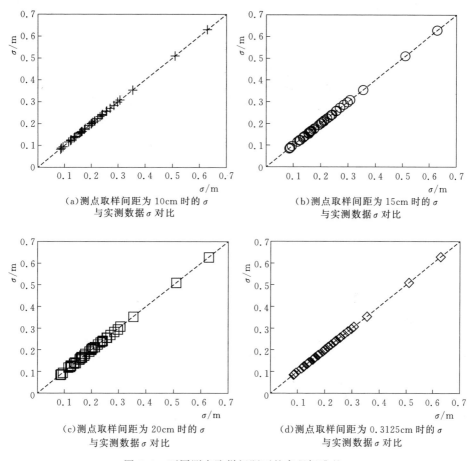

（a）测点取样间距为 10cm 时的 σ 与实测数据 σ 对比

（b）测点取样间距为 15cm 时的 σ 与实测数据 σ 对比

（c）测点取样间距为 20cm 时的 σ 与实测数据 σ 对比

（d）测点取样间距为 0.3125cm 时的 σ 与实测数据 σ 对比

图 4.4　不同测点取样间距下的高程标准差 σ

由图 4.4 可以看出，各个河段河床纵剖面曲线的高程标准差 σ 在测点取样间距 Δ 分别为 0.3125cm、5cm、10cm、15cm、20cm 时基本保持不变，这表明河床纵剖面曲线的高程标准差 σ 并不受空间测点取样精度的影响。也就是说，当河床纵剖面曲线基本形状已定时，其空间特征即已知，并不受纵剖面曲线局部细节的影响。虽然有内插得到的空间点间隔为 0.3125cm 的曲线，但由于实测曲线最小间隔为 5cm，上述结论严格来说只在测点取样间距 5cm 以上的地形曲线中适用。

为进一步探究测点取样精度对河床地形曲线的空间特征的影响，计算各个河段河床纵剖面曲线的半方差图（Semivariogram），以分析其分形特性。仍以龙溪河 2012 年 9 月所测主沟 7 号河段为例，绘制其在不同测点间距 Δ 下的半方差图及相应的方差值曲线，见图 4.5。

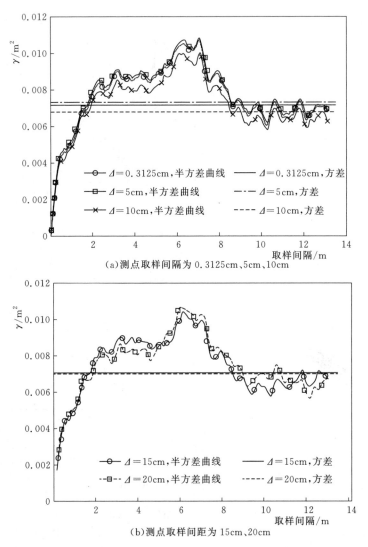

(a)测点取样间隔为 0.3125cm、5cm、10cm

(b)测点取样间距为 15cm、20cm

图 4.5　龙溪河主沟 7 号河段在不同测点间距下的半方差图及方差值曲线

　　图 4.5 中，2012 年 9 月观测的龙溪河主沟 7 号河段河床地形曲线在空间测点间距 Δ 分别为 0.3125cm、5cm、10cm、15cm、20cm 时的半方差曲线十分相近，由此可见高空间分辨率下的局部细节信息不会对河床地形曲线的分形

特征产生显著影响。和前文一致，图 4.5 中不同空间取样精度下的方差值 σ^2 曲线差异也并不大。此外，还可以看出，方差 σ^2 以下的半方差曲线明显分为斜率不同的两段，以往的研究成果表明，这两段分别表明了河床地形的沙粒粗糙和小尺度形态粗糙，是河床形态在水流长时期作用下自组织发育的体现；同样的，其也不受空间取样精度的影响。

显而易见，较低的空间取样精度会丢失河床形态的有效节点信息，使得高程标准差 σ 大幅度减小，最后趋近于 0。空间测点取样间距 $\Delta = 0.3125\text{cm}$ 的河床地形曲线是内插得到的，其反映实际地形中细小颗粒分布特征的真实程度及对该取样精度下真实半方差的偏离程度仍然值得深入讨论。

与高程标准差 σ 的表现相反，河床地形曲线的结构强度参数 S_P 则随着空间测点取样间距 Δ 的变化而显著变化。图 4.6 以实测河床纵剖面高程曲线 $(\Delta = 5\text{cm})$ 的 S_P 为横坐标，以其他空间测点取样间距下的 S_P 为纵坐标绘制了各河段 S_P 随空间测点取样间距 Δ 的变化曲线。图 4.6 结果表明随着空间测点取样间距 Δ 的增加，即测点变得稀疏，S_P 逐渐减小。

显然，对于选定河段，极端情况下，当仅测量其首尾端点的高程时，即测点取样间距 Δ 为所测河段长度时，S_P 已减小为 0；而测点越密，测点取样间距 Δ 越小，空间取样精度越高时，S_P 就越大，越能反映所测河段局部细节的影响。对于河床地形曲线来说，取样间距 Δ 较大（空间取样精度较小）时无法描述河段局部细节，也即沙粒尺度粗糙的影响。因此在使用河床结构强度参数 S_P 时，要根据所研究问题需要描述的空间尺度选择合适的空间测量精度。

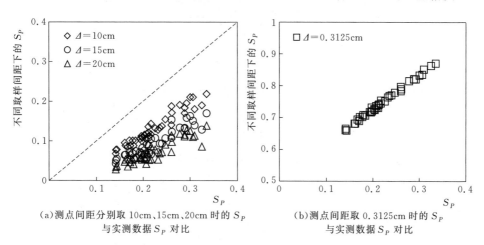

(a) 测点间距分别取 10cm、15cm、20cm 时的 S_P
与实测数据 S_P 对比

(b) 测点间距取 0.3125cm 时的 S_P
与实测数据 S_P 对比

图 4.6 不同测点间距下的河床结构强度参数 S_P

为更加深入地探究河床结构强度参数 S_P 的物理意义，使用经验模态分解（Huang et al.，1999）方法对原始河床纵剖面曲线进行处理。

经验模态分解方法的核心思想是通过"筛选"的方式将复杂数据分解为有限个单一频率的本征模函数（Intrinsic Mode Function）和残波。分解是根据数据自身的时间/空间尺度特征进行的，分解得到的各个数据分量包含原数据的不同时间/空间尺度的局部特征。该方法使用时无需预先设定任何形式的基函数，具有自适应性，在非平稳及非线性数据处理领域中应用广泛。

以龙溪河流域 2012 年 9 月主沟 7 号河段河床纵剖面曲线为例，通过经验模态分解，结果见图 4.7。

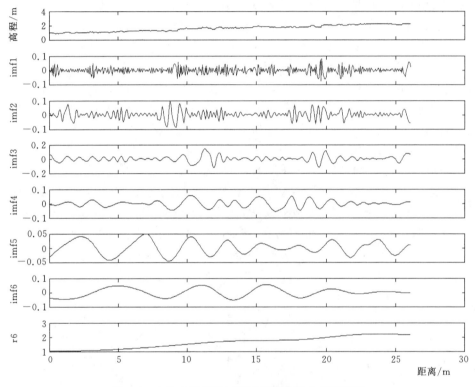

图 4.7　主沟 7 号河段河床纵剖面曲线分解示意图

图 4.7 表明，主沟 7 号河段河床纵剖面曲线通过经验模态分解可以得到 6 个空间频率单一的 $imfi$ 分量和一个残余分量，该残余分量实质上即是原河床纵剖面曲线的趋势量。由各个 $imfi$ 分量图可知，随着空间频率的减小，各分量的 S_P 也在减小。

对于不同空间频率的 imf 分量曲线，空间频率较高的 imf 曲线更多地对应着小尺度的河床形态粗糙；空间频率较低的 imf 曲线更多地对应着大尺度的河床形态粗糙。

对于龙溪河流域测量的各个河段，均以分解得到的前三个空间频率较高的

imf$i$ 分量为例,绘制其 S_{Pimfi} 与原河床纵剖面曲线 S_P 之间的关系曲线,见图 4.8。

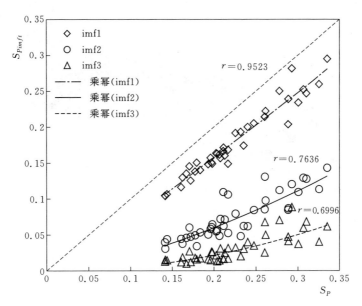

图 4.8 imf 分量曲线 S_P 与原河床纵剖面曲线 S_P 关系图

由图 4.8 可见,空间频率最高的 imf1 分量曲线的 S_P 与原河床纵剖面曲线 S_P 最为接近,相关系数最大,随着空间频率的减小,imf 分量曲线的 S_P 也在减小,与原河床纵剖面曲线的 S_P 的相关性也在减弱。

结合图 4.7 与图 4.8,可以认为在山区卵砾石河流中河床结构强度参数 S_P 更大程度上是描述不可动大粒径或河床结构产生的形态阻力的参量。

不管是使用高程标准差 σ 还是河床结构强度参数 S_P 来描述河床地形曲线的形态特征,真正值得关注的问题是在进行野外卵砾石河流地形观测时用于描述沙粒阻力或形态阻力的合理的取样区间,这是需要进一步深入研究的问题。

4.1.2 水槽试验三维地形场

如第 3 章水槽输沙试验部分所述,在试验过程中通过 Kinect 自带景深双镜头对每个测次试验前后有效工作区域的床面三维地形场都进行了测量。本试验中,单张景深图片可覆盖沿流向长约 1.2m 的范围,通过三次拍摄测量并拼接可使得测量区域扩展至 3.5m×0.6m,平均测量误差小于 5mm(Khoshelham 和 Elberink,2012)。此处即以此量测区域地形场代表水槽有效工作区域的地形场。通过数学重建可得点云形式的三维地形场,见图 4.9(以 A1 试验测次为例）。

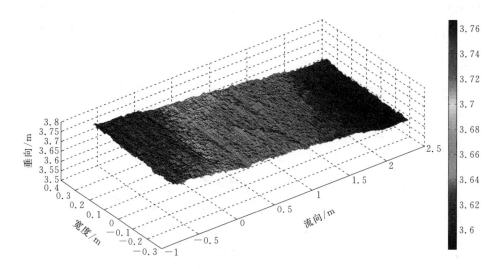

（a）试验前地形

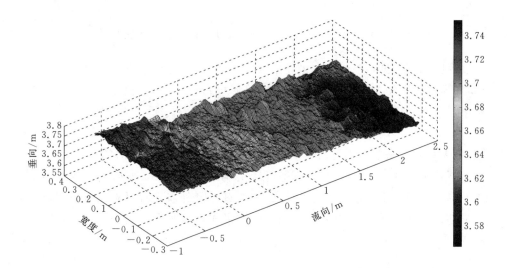

（b）试验后地形

图 4.9　水槽试验 A1 测次床面三维地形场

显然，试验前布设的平坦床面经过水流作用后会变得起伏不平。将实测三维地形场去趋势，计算每个试验测次前后三维地形的高程标准差 σ_1 和 σ_2。以往的研究表明，高程标准差 σ 通常会被当作床面粗糙参数的一种度量，因此，图 4.10 绘制了水槽试验三维地形场的高程标准差 σ 随流量 Q 的变化曲线，A、

B 表示试验中使用的两组不同的泥沙混合物，1、2 分别表示每组试验测次前、后的三维地形场。

由图 4.10 可以看出，随着流量 Q 的增加，对于两组泥沙混合物，其初始床面地形的高程标准差 σ_1 均基本保持不变，这表明每组试验测次的初始边界条件是相同的，不会对后续的试验过程产生影响。对于每组试验测次后的三维地形场，随着流量 Q 的增加，A、B 两组沙的高程标准差 σ_2 都在增加，这是由于随着水流条件增强，更大粒径的泥沙颗粒凸出外露并逐渐可动，使床面变得更加粗糙。对于同一流量 Q，A 组沙地形的高程标准差 σ_{2A} 小于 B 组沙的高程标准差 σ_{2B}，原因在于 B 组沙在组成上较 A 组沙粗。

除了计算水槽试验床面三维地形场的高程标准差 σ，还计算了各组试验测次结束后的床面地形的河床结构强度参数 S_P。在测得的床面三维地形场中，从河床右侧开始以 6.67cm 的间距均匀选取 10 条河床纵剖面曲线，以这 10 条地形曲线 S_P 值的平均值作为床面三维地形场的 S_P 值。

图 4.11 绘制了水槽试验中在两组不同组成床沙（A、B）的情况下床面三维地形场的河床结构强度参数 S_P 随流量 Q 的变化曲线。由图 4.11 可见，随着流量 Q 的增加，两组泥沙混合物的 S_P 值均增加，这与床面地形的高程标准差 σ_2 的表现一致。其原因也类似，随着水流强度增加，更大粒径的泥沙颗粒外露并处于可动状态，使得床面在沙粒尺度及河床结构尺度上都变得更加粗糙。对于同一流量 Q，A 组沙的床面地形的河床结构强度参数 S_{PA} 小于 B 组沙的河床结构强度参数 S_{PB}，与高程标准差 σ_2 的表现类似，其原因也在于 B 组沙在组成上较 A 组沙粗，使得床面更加粗糙。

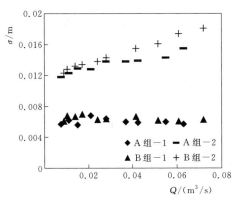

图 4.10　σ 与 Q 关系曲线

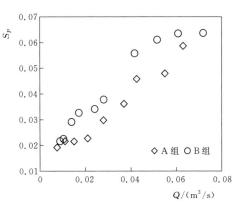

图 4.11　S_P 与 Q 关系曲线

图 4.12 绘制了床面地形场的高程标准差 σ_2 与河床结构强度参数 S_P 的关系曲线，结果表明 σ_2 随 S_P 的增加而增加，从本质上来说，σ_2 与 S_P 均是床面

粗糙的度量参数。后续会分析这两个粗糙参数与水流阻力及推移质输沙率之间的关系。

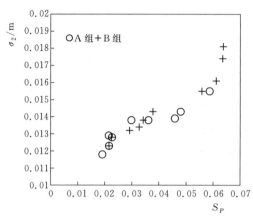

图 4.12　σ_2 与 S_P 关系曲线

前文提及使用 Kinect 进行床面地形测量时的误差小于 5mm，但是 Kinect 通过景深图片转化得到的测量结果为散乱三维点集合，使用散乱三维点计算床面的高程标准差 σ 是没有问题的，但是在绘制床面三维地形图及计算河床结构强度参数 S_P 时需要在平面上规则排列网格化的数据点集合。因此，通过 MATLAB 进行插值，使原始散乱数据网格化，考虑到计算资源的限制，在 x - y 坐标上进行 100×100 的曲面的均匀插值，曲面插值方法为基于三角形的三次插补法。可知，网格化后的数据间隔为 $3.5\text{cm}\times0.6\text{cm}$。对于水槽试验三维地形场的 S_P 值，其测点空间取样间距即为 3.5cm。

本小节部分未参照 4.1.1 小节龙溪河地形曲线的处理方法对高程标准差 σ 及河床结构强度参数 S_P 对空间取样精度的依赖性进行探讨，原因在于原始数据散乱不规则，网格化的数据为插值得到，不能体现局部细颗粒分布的真实细节。

室内水槽及野外卵砾石河流中地形参数 σ 及 S_P 的表现行为是否存在不同的地方，还需要更多的数据进行检验。

4.2　肤面阻力、形态阻力与床面形态特征关系

第 4.1 节中以实测地形数据为基础，以床面地形的高程标准差 σ 和河床结构强度参数 S_P 为依托，分析了室内水槽及野外卵砾石河流床面地形的形态特征。本节主要分析水流阻力及其不同的阻力成分与床面形态特征参数 S_P 之间的关系。

水流阻力通常使用达西阻力系数 f 来表示，其中：

$$\sqrt{\frac{8}{f}}=\frac{V}{u_*}=\frac{V}{\sqrt{gRS}} \tag{4.1}$$

一般来说，阻力按其形成机理的不同可分为肤面阻力及形态阻力两部分，

具体分解方法包括水力半径分解法和能坡分割法。此处，使用水力半径分解法求解不同的阻力成分。

第 2 章中建立河段平均阻力模型时，定义了河段上的水力要素及阻力系数，如果使用若干个断面水力要素的平均值来表示河段平均的水力要素值，河段平均阻力模型仍然是近似可用的。

考虑到龙溪河流域的现场观测方法即是以典型断面水力要素平均值表征河段平均水力要素值，因此野外数据是满足使用要求的。对于室内水槽输沙试验数据，水深是通过水槽玻璃侧壁水尺沿程测量的，因此各水力要素也是河段平均的。所以直接使用第 2 章中阻力分解的结果。

肤面阻力对应的水力半径 R' 为

$$R' = \left(\frac{VD_{50}^{1/6}}{8.1 g^{1/2} S^{1/2}} \right)^{1.5} \tag{4.2}$$

肤面阻力即为

$$\tau' = \gamma S \left(\frac{V d_{50}^{1/6}}{8.1 g^{1/2} S^{1/2}} \right)^{1.5} \tag{4.3}$$

相应的，形态阻力对应的水力半径为 $(R-R')$，形态阻力 τ'' 即为

$$\tau'' = \gamma S \left[R - \left(\frac{V d_{50}^{1/6}}{8.1 g^{1/2} S^{1/2}} \right)^{1.5} \right] \tag{4.4}$$

图 4.13 绘制了达西阻力系数 f 与 S_P 的关系曲线，图 4.13（a）为室内水槽试验数据结果，图 4.13（b）为龙溪河及张康（2012）野外试验数据结果。虽然室内水槽与野外河流具有不同的 S_P 范围，但 f 与 S_P 的关系是一致的，随着河床结构强度参数 S_P 的增加，达西阻力系数 f 也在增加。

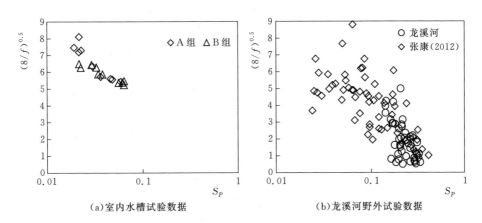

（a）室内水槽试验数据　　　　　　（b）龙溪河野外试验数据

图 4.13　达西阻力系数 f 与 S_P 关系曲线

图 4.14 绘制了不同的阻力成分（肤面阻力 τ'、形态阻力 τ''）与河床结构

强度参数 S_P 之间的关系。其中，图 4.14（a）为室内水槽试验数据结果，图 4.14（b）为龙溪河野外试验数据结果。图 4.14 结果表明室内水槽与野外河流的肤面阻力、形态阻力与 S_P 的关系走向基本是一致的。图 4.14 中形态阻力均随着 S_P 的增加而增加，只是图 4.14（a）中形态阻力与 S_P 的关系更加显著，相关性更强，而图 4.14（b）中形态阻力与 S_P 的关系相关性稍弱；图 4.14（a）中肤面阻力随 S_P 的增加而增加，相关性较强，而图 4.14（b）中肤面阻力与 S_P 的关系基本上不存在相关性，即不受 S_P 影响。这可能是和室内水槽和野外河流处于不同的输沙状态所导致的，本书的室内水槽试验处于平衡输沙状态，而野外河流试验则处于非饱和冲刷状态。总体来说，图 4.14 表明河床结构强度参数 S_P 更大程度上是描述形态阻力的度量参数。

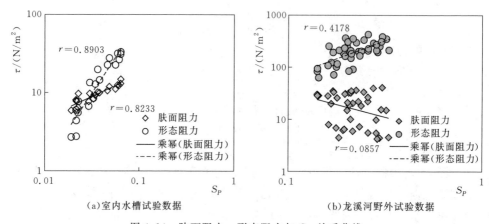

（a）室内水槽试验数据　　　　　　　（b）龙溪河野外试验数据

图 4.14　肤面阻力、形态阻力与 S_P 关系曲线

由图 4.14 还可以看出，室内水槽试验与野外河流试验的肤面阻力、形态阻力在数量上的差别。对于形态阻力来说，野外河流的形态阻力大致在 $60\sim430\mathrm{N/m^2}$ 之间，室内水槽的形态阻力大致在 $3\sim30\mathrm{N/m^2}$ 之间，这体现了室内水槽与野外河流在整体水流能量上的差别，这可能也是导致室内水槽与野外河流的阻力与输沙特性存在不同的原因。对于肤面阻力来说，室内水槽与野外河流中的肤面阻力都在 $10\mathrm{N/m^2}$ 左右，但它们所起的作用是不一样的，在室内水槽中 $10\mathrm{N/m^2}$ 左右的肤面阻力能促使绝大部分泥沙颗粒起动输移；但是在野外卵砾石河流中，床面上细颗粒较少，粗颗粒发育形成各种河床结构，除洪水期，水流难以使其起动，大部分水流能量消耗于河床结构。室内水槽与野外河流中推移质输沙率与河床结构强度的表现关系并不一致，下一节对此还会进行详细的论述。结合室内水槽与野外河流的数据来看，肤面阻力与 S_P 关系不大。图 4.14（a）中肤面阻力及形态阻力与 S_P 的关系出现交叉，这表明了水槽试验中推移质输移与床面形态发育的相互调整、适应的过程；图 4.14（b）

中肤面阻力一直小于形态阻力,这表明当前野外河流可能一直处于推移质输沙率小、近似于清水冲刷的阶段。

本节中 S_P 取值大小依赖于测量空间分辨率(其中野外河流取样间距 5cm,水槽试验取样间距 3.5cm)。图 4.14 中的横坐标数值是依赖测量分辨率的,而纵坐标的切应力数值是客观不变的,所以图中关系存在一定的相对性。

4.3 水流阻力及推移质输沙率关系

使用本书的水槽试验获取的水流及推移质输沙数据对 Ferguson(2007)阻力关系式及第 3 章非均匀沙推移质输沙率关系式进行检验。计算各试验测次水流流速,与实测流速值对比结果见图 4.15。

其中 V_p 与 V_m 的相关系数 $r=0.85$,可见,Ferguson(2007)可以较好地描述本书室内水槽试验的水流流动特性。

使用第 3 章遮蔽函数关系式(3.26)和式(3.27)以及推移质输沙率关系式(3.32),计算非均匀沙推移质输沙率,根据水槽试验相对水深,遮蔽函数关系式中参数 b 取 1/2。

在推移质输沙率关系式中分别应用总阻力及肤面阻力[式(4.3)]来计算分组推移质输沙率,计算值与实测值对比结果见图 4.16。可见,当采用总阻力计算推移质输沙率时,分组推移质输沙率计算值较实测值大,并有系统性偏差。当采用肤面阻力计算推移质输沙率时,分组推移质输沙率计算值与实测值符合较好,在分组推移质输沙率较小时,误差较大,可能的原因在于低强度输沙时推移质运动本身的随机性(马宏博等,2013)。

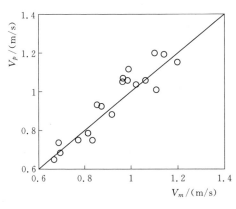

图 4.15 水槽试验流速验证

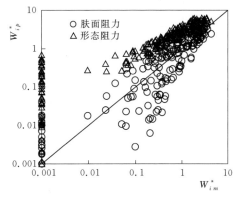

图 4.16 水槽试验输沙率验证

4.4　阻力、床面形态与推移质输移关系

前文对床面形态特征及阻力与床面形态特征之间的关系进行了简单分析，本节主要分析推移质输沙率与阻力及床面形态之间的关系。

对于一挟沙水流，设定其比降为 S，水流单宽流量为 q_w，水流流速为 V，水深为 h，推移质体积单宽输沙率为 q_b，推移质泥沙颗粒密度为 ρ_b，颗粒运动速度为 V_b，推移质厚度层为 h_b，可建立其水流与推移质运动的能量输运方程。

对于水流来说，其 Δt 时间内通过距离 Δl，假设水深 h 基本不变，根据能量守恒定律可得：

$$\rho q_w g \Delta t \Delta l S = \frac{1}{2}\rho q_w \Delta t \left[(V+\Delta V)^2 - V^2\right] + E.D_w \tag{4.5}$$

进一步根据 $q_w = Vh$ 和 $\Delta l = V \Delta t$ 可得：

$$\rho q_w g \Delta t S = \frac{1}{2}\rho h \left[(V+\Delta V)^2 - V^2\right] + E.D_w \tag{4.6}$$

$$\rho q_w g S = \frac{\partial\left(\frac{1}{2}\rho h V^2\right)}{\partial t} + D.E.D_w \tag{4.7}$$

式中：$E.D_w$ 为水流能量耗散率；$D.E.D_w$ 为单位时间内的水流能量耗散率。

对于水流携带的泥沙，其 Δt 时间内通过距离 Δl_b，假设厚度 h_b 基本不变，根据能量守恒定律可得：

$$\rho_b q_b g \Delta t \Delta l_b S = \frac{1}{2}\rho_b q_b \Delta t \left[(V_b+\Delta V_b)^2 - V_b^2\right] + E.D_b \tag{4.8}$$

进一步根据 $q_b = V_b h_b$ 和 $\Delta l_b = V_b \Delta t$ 可得：

$$\rho_b q_b g \Delta t S = \frac{1}{2}\rho_b h_b \left[(V_b+\Delta V_b)^2 - V_b^2\right] + E.D_b \tag{4.9}$$

$$\rho_b q_b g S = \frac{\partial\left(\frac{1}{2}\rho_b h_b V_b^2\right)}{\partial t} + D.E.D_b \tag{4.10}$$

式中：$E.D_b$ 为泥沙颗粒能量耗散率；$D.E.D_b$ 为单位时间内的泥沙颗粒能量耗散率。

将式（4.7）和式（4.10）结合起来即可得水流与推移质运动的能量输运方程，如下所示：

$$\rho g q_w S + \rho_b g q_b S = \frac{\partial\left(\frac{1}{2}\rho h V^2\right)}{\partial t} + \frac{\partial\left(\frac{1}{2}\rho_b h_b V_b^2\right)}{\partial t} + D.E.D \tag{4.11}$$

式中：$D.E.D = D.E.D_w + D.E.D_b$ 为单位时间内的水沙能量耗散率，与颗粒粒径、水流流态、床面形态或结构有关系。

根据 Yu et al.（2012），无量纲推移质输沙率可定义为 $q_b^* = \rho_b g q_b / (\rho g q_w S)$，因此式（4.11）可进一步写为

$$\rho g q_w S (1 + q_b^* S) = \frac{\partial\left(\frac{1}{2}\rho h V^2\right)}{\partial t} + \frac{\partial\left(\frac{1}{2}\rho_b h_b V_b^2\right)}{\partial t} + D.E.D \quad (4.12)$$

现在就得到了一般情形下的水流与推移质运动的能量输运方程，下面尝试用该方程解释室内水槽及野外卵砾石河流的推移质输沙数据。

对于本书的室内水槽试验来说，测量时水槽处于动态输沙平衡阶段，因此式（4.12）右侧时间偏导数项均为零，式（4.12）即为

$$\rho g q_w S (1 + q_b^* S) = D.E.D \quad (4.13)$$

根据前文关于床面形态特征的分析，可以将河床结构强度参数 S_P 作为能量耗散的指标，寻找其与输沙能量耗散率 $D.E.D$ 之间的关系。图 4.17 绘制了室内水槽试验数据的 $D.E.D$ 与 S_P 的关系曲线，该图表明至少在动态输沙平衡阶段，输沙时的能量耗散率 $D.E.D$ 与床面形态的强度参数 S_P 成正相关关系。由于能量耗散一定程度上表征着输沙强度，因此这意味着 S_P 或许可以用作描述推移质

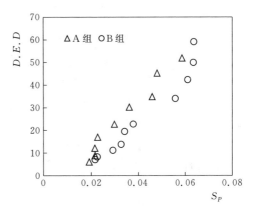

图 4.17 $D.E.D$ 与 S_P 关系曲线

输沙率的参数。图 4.17 还表明对于同样的 S_P，A 组沙的 $D.E.D$ 较 B 组沙大，这是由于 A 组沙颗粒粒径较 B 组沙细。

图 4.18 绘制了无量纲推移质输沙率 q_b^* 与 S_P 的关系曲线，其中图 4.18（a）为室内水槽试验数据结果，图 4.18（b）为 Yu et al.（2012）及张康（2012）野外试验数据结果。需要指出的是，室内水槽及野外河流输沙试验处于不同的水沙输移状态，室内循环水槽试验处于动态输沙平衡阶段；Yu et al.（2012）野外试验时，卵砾石河流处于枯水期，试验过程中流量基本保持不变，通过在上游断面一次性补充不同数量的泥沙以研究近似恒定流量情况下河床结构强度参数 S_P 与推移质输沙率之间的关系；张康（2012）野外试验与之类似，同样在枯水期流量变化较小的情况下进行，通过上游补沙研究河床结构强度参数 S_P 与推移质输沙率之间的关系。与 Yu et al.（2012）不同的是，

张康（2012）野外试验上游补沙后出现了河床结构的破坏再发展过程，Yu et al.（2012）野外加沙试验中并没有出现河床结构破坏现象。

图 4.18（a）结果表明，随着床面形态的结构强度参数 S_P 的增加，无量纲推移质输沙率 q_b^* 也在增加。这与试验中直接观测到的现象是一致的，平衡输沙试验过程中随着水流流量的增加，床面起伏形态加剧，推移质泥沙输移强度也在增加。q_b^* 与 S_P 的正相关关系与上文中在输沙动态平衡条件下分析能量耗散率 $D.E.D$ 与 S_P 的关系所得到的结果相一致。另外，由图 4.18（a）还可以看出，对于同样的 S_P，A 组沙的无量纲推移质输沙率 q_b^* 比 B 组沙大，原因在于 A 组沙比 B 组沙细。

图 4.18（b）中，野外河流试验数据展示出了不同的规律。Yu et al.（2012）输沙数据表明随着 S_P 的增加，无量纲推移质输沙率 q_b^* 减小，这是由其试验的水流及河床边界条件所决定的。Yu et al.（2012）加沙试验河段为冲刷状态，显然处于非平衡状态；对于加沙前的试验河段，其河床结构已经由极大洪水塑造，采用静态 S_{P-S} 描述其发育程度，显然 S_{P-S} 大于动态平衡输沙状态时的 S_{P-D}。试验过程中一次性补沙后，初始时床面上起伏不平的河床结构会被泥沙覆盖变得平坦，使得河床结构强度参数 S_{P-S} 向着 S_{P-D} 的方向迅速变小，接近饱和平衡输沙状态。随着一次性补充的泥沙逐渐被水流带走，之前已发育的河床结构外露，河床结构强度参数逐渐变大，从 S_{P-D} 向着 S_{P-S} 调整恢复。这一调整过程就表现为随着河床结构强度参数 S_P 增加，无量纲推移质输沙率 q_b^* 逐渐减小。

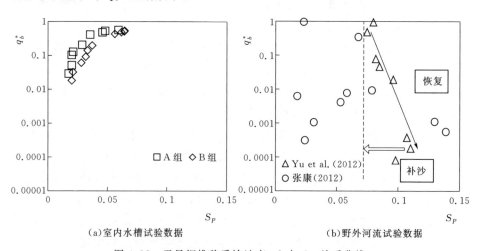

（a）室内水槽试验数据　　　　　　　（b）野外河流试验数据

图 4.18　无量纲推移质输沙率 q_b^* 与 S_P 关系曲线

张康（2012）野外试验的输沙数据展现出不同的特征。由图 4.18（b）可看出，随着河床结构强度参数 S_P 的增加，无量纲推移质输沙率 q_b^* 先增加再减小，这种现象是由试验特征决定的。张康（2012）野外试验关注山区卵砾石河流中河床结构的破坏再发展过程，因此当原始河床结构破坏之后，泥沙堆积，床面会变得平坦。此时，床面泥沙补给充分，随着推移质输沙率增加（q_b^* 增加），床面出现起伏形态（S_P 增加），这与室内水槽试验平衡输沙阶段相似。进一步，随着床面泥沙逐渐被带走，泥沙补给不再充分，河流开始进入冲刷状态，新的河床结构逐渐发育（S_P 增加），推移质输沙率随之减小（q_b^* 减小）。

为定量分析床面形态发育与推移质输沙率之间的关系，图 4.19 绘制了肤面阻力、形态阻力、总阻力与推移质输沙率之间的关系，图中仅包含室内水槽试验数据结果，Yu et al.（2012）和张康（2012）试验中未测量相应的泥沙级配数据，因此不能进行阻力分解。图 4.19 表明随着无量纲推移质输沙率 q_b^* 的增加，无量纲肤面阻力、形态阻力、总阻力均在增加。推移质输沙率直接由肤面阻力决定，肤面阻力越大，推移质输沙率越大。而本书水槽输沙试验中，形态阻力同时随推移质输沙率增加而增加，4.2 节的分析表明 S_P 是形态阻力的度量参数，也就是说本书的室内水槽输沙试验中，S_P 越大，床面形态越发育，推移质输沙率就越大。从根本上来说，这是由于本书开展的试验为循环水槽试验，泥沙补给充分，最终达到了动态输沙平衡阶段。

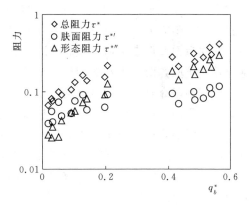

图 4.19　阻力与 q_b^* 关系曲线

4.5　小结

本章主要探究水流阻力、床面形态与推移质运动之间的相互作用关系。

首先，以床面高程标准差 σ 及河床结构强度参数 S_P 作为主要度量参数，分析了龙溪河实测河床纵剖面曲线及室内水槽试验实测三维地形场的床面形态特征。通过对龙溪河实测河床纵剖面曲线的内插及间隔取点，得到了具有不同空间取样间隔的一族河床纵剖面高程曲线，并对其床面形态特征参数进行分析。结果表明这些地形曲线的高程标准差 σ 以及半方差曲线均保持不变，不随空间取样间隔变化；但空间取样间隔越小，河床结构强度参数 S_P 越大。由此说明，S_P 的使用需要注意研究问题所需尺度。通过对初始龙溪河河床纵剖面曲线进行经验模态分解，得到若干具有单一空间频率的分量曲线，这些曲线的 S_P 与初始纵剖面曲线 S_P 的对比结果表明，S_P 主要是描述河床结构粗糙特征的参量。

龙溪河野外数据及本书室内水槽试验数据均表明，阻力系数 f 随河床结构强度参数 S_P 的增加而增加。对上述数据进行阻力分解，结果表明对于野外及室内数据来说，形态阻力均随 S_P 的增加而增加，相关性较强；室内数据的肤面阻力与 S_P 存在正相关关系，而野外数据的肤面阻力与 S_P 并不具备显著相关性。可知，S_P 是形态阻力的主要度量参数。龙溪河形态阻力较室内水槽试验的形态阻力大一个数量级，其肤面阻力则在同一数量级，并且室内水槽试验的肤面阻力及形态阻力与 S_P 的关系存在交叉点，这体现了野外河流处于非饱和输沙阶段，而室内水槽则处于输沙动态平衡阶段。

以往的研究表明，在野外河流中随着河床结构强度参数 S_P 的增加，推移质输沙率逐渐减小。本书中室内水槽试验数据表明，随着 S_P 增加，推移质输沙率也会增加，这是由于室内循环水槽试验处于动态输沙平衡阶段，而前人的野外河流试验通常为枯水期基流情况下补给不充分的冲刷状态。阻力分解的结果表明，水槽试验中，随着推移质输沙率增加，不仅肤面阻力增加，同时形态阻力（S_P）也在增加，这表示了床面形态的发育。张康（2012）关于河床结构破坏再发育的野外试验数据也表明，推移质输沙率与河床结构强度 S_P 的关系与泥沙补给及其输移状态有关。

第 5 章 结 论 与 展 望

5.1 主要结论

山区河流的阻力特性与平原河流存在明显不同，这也使得山区河流的推移质运动具有不同于平原河流的特点。以往的研究中鲜有将山区与平原河流的推移质运动特性与其阻力关系的不同特性建立关联的工作，本书主要探究了山区河流的阻力特性及其对推移质运动的影响。通过在四川省龙溪河流域进行野外观测，获得了基于河段平均的水力学、泥沙以及河床地形曲线等数据，对阻力影响因素等进行了分析，考虑到山区与平原河流空间流动的非均匀性，建立了基于河段的阻力关系式。通过室内水槽大比降非均匀沙输沙试验，获得了水力学、泥沙以及床面高程场等数据，结合经典数据对推移质泥沙颗粒运动模式进行了分析；基于不同相对水深情况下不同的水流阻力特性，建立了可覆盖各种相对水深范围的遮蔽函数模型，并收集各家数据进行检验。基于龙溪河河床地形曲线及室内水槽试验的床面高程场，分析了野外河流及室内水槽的床面形态特征，结合其相对应的水流泥沙数据及文献中的相关数据，对水流阻力、床面形态与推移质运动之间的相互作用关系进行了简单的探讨。本书主要结论如下：

（1）通过在四川省龙溪河流域主沟及其支沟剪坪沟上进行的现场观测获得了河段平均的水力学及泥沙级配数据，计算得到了河段平均的水流阻力，并对阻力影响因素（如流量 Q、比降 S、河床结构强度参数 S_P、泥沙特征粒径 D_{90}、相对水深 h/D_{90} 等）和床面形态发育特征进行了分析。基于在龙溪河实测获得的河段平均的水流泥沙数据对现有的阻力方程进行了评估，同时也是对实测数据可靠性的验证，结果表明 Rickenmann（1994）和 Ferguson（2007）阻力公式适用性较好。以实测数据和 Rickenmann（1994）阻力公式推导方法为基础，得到了龙溪河阻力公式，并以其他来源的数据对其进行了检验，结果表明应用良好。

（2）考虑山区及平原河流空间流动上的非检验均匀性，对定义在断面上的各水力要素及阻力在河段上进行了重新定义并论述了其求解方法。考虑水流阻力形成机理，将阻力分解为肤面阻力及形态阻力，分别对应于可动颗粒和不可动颗粒。通过河段水体积的分割，将河段水力半径 R 分解为肤面阻力水力

半径 R' 和形态阻力水力半径 R''，据此得到了刻画肤面阻力的参数 D_{90}/R' 和刻画形态阻力的参数 h/R''，以此建立了河段阻力方程。通过收集的河段平均的数据，率定得到了可同时适用于山区及平原河流的河段平均阻力关系式，验证表明该式具有较高的精度。

（3）通过室内卵砾石输沙水槽试验获得了两组不同组成床沙情况下的 19 个测次的输沙数据以及每个试验测次后的床面地形高程场。以本书水槽试验数据及其他学者输沙试验数据为基础，分析了推移质颗粒运动模式。随着水流切应力的增加，推移质泥沙级配分布逐渐接近表层床沙的级配分布，最终趋近于等可动性输移模式。

（4）基于近壁水流条件、Duan 和 Scott（2007）床面总体切应力分配方法及非均匀沙床面自动调整假说，求解得到了可覆盖不同水流流动特性的遮蔽函数模型。新的遮蔽函数模型体现了不同相对水深情况下不同的水流阻力特性以及非均匀沙床面可渗透性的影响，与相对水深及流速分布中的参数 b 和参考高度 z_0 密切相关。数据验证表明，流速分布中的参数 b 取 1/2 和 1/6 时，遮蔽函数分别适用于室内水槽及野外卵砾石河流。体现渗透水流影响的参考高度 z_0 取 $0.4D_m \sim 1.4D_m$ 时，遮蔽函数公式可同时适用于室内水槽及野外卵砾石河流。新的遮蔽函数模型从理论上解释了不同水流条件下推移质颗粒运动模式不同的原因所在。基于本书室内水槽试验数据以及众多学者的输沙数据，回归得到了非均匀沙推移质输沙率公式。

（5）以床面高程标准差 σ 及河床结构强度参数 S_P 作为衡量参数分析了龙溪河河床纵剖面曲线及室内水槽试验三维地形场的床面形态特征。分析表明龙溪河地形曲线的高程标准差 σ 以及半方差曲线不随空间取样间隔变化，而河床结构强度参数 S_P 则随空间取样间隔减小而增大，因此 S_P 的使用需要特别注意研究问题所需尺度。将龙溪河地形曲线进行经验模态分解得到若干具有单一空间频率的分量曲线，这些曲线的 S_P 与初始纵剖面曲线 S_P 的对比结果表明，S_P 是描述河床结构的主要参数。

（6）龙溪河数据阻力分解的结果表明，形态阻力与 S_P 成正相关关系，肤面阻力与 S_P 不具备显著相关性；室内水槽数据阻力分解的结果表明形态阻力、肤面阻力与 S_P 均存在正相关关系，形态阻力与 S_P 相关性更强。这表明 S_P 是形态阻力的主要度量参数。

（7）与以往研究不同，本书室内水槽数据表明推移质输沙率随 S_P 增加而增加，原因在于室内水槽处于动态输沙平衡阶段，而前人试验的野外河流通常为枯水期补给不充分的冲刷状态。本书水槽数据表明，随着推移质输沙率增加，肤面阻力与形态阻力（S_P）均增加，这意味着床面形态/结构的发育。

5.2 创新点

本书从山区与平原河流阻力特性的不同出发，结合野外及室内试验数据，给出了基于河段的阻力关系式，并依据不同相对水深下的阻力关系式建立了推移质遮蔽函数模型。主要创新点如下：

（1）考虑河流空间流动的非均匀性，基于河段尺度的水力要素概念建立了河段阻力模型，并近似得到同时适用于山区与平原河流的河段平均阻力关系式。

（2）考虑不同相对水深下的水流阻力特性及卵砾石河床可渗透性对推移质颗粒起动的影响，建立了可覆盖室内水槽及野外卵砾石河流的非均匀沙推移质运动的遮蔽函数模型。

（3）探讨了不同的床沙补给情况及水沙输移阶段下的水流阻力、床面形态与推移质运动之间的交互关系。

5.3 研究展望

本书围绕山区河流的阻力及其对推移质运动的影响进行了一定的研究工作，但仍存在诸多不完善的地方需要补充，有待后续进一步研究。

考虑到河流空间流动上的非均匀特性，本书建立了河段阻力模型并得到近似的河段平均阻力方程，但是该方程的率定及验证所需数据其实是通过河段中若干断面水力要素数据求平均得到的。为表达河段在空间上真实的非均匀性，并检验河段水力要素概念及阻力模型，必须进行二元卵砾石室内水槽试验，精细测量水面高程场、床面高程场、流速场以及水流、推移质输移等数据。据此，可进一步进行非均匀河段空间情况下的推移质运动建模工作。此外，试验还可以为理论上探究空间非均匀性对阻力的影响提供数据支撑。

新的遮蔽函数模型中直接借鉴了 Wilcock 和 Crowe（2003）关于 τ_{rm}^{*} 的公式，表面上看该式是受表层床沙中沙粒含量影响的几何平均粒径 D_m 的无量纲参照切应力，实质上来说该式是动床输沙条件下的阻力公式。探究表层床沙中沙粒含量影响推移质运动的根本原因，并将其量化，建立不同相对水深条件下动床输沙阻力公式，完备本书的遮蔽函数模型，是下一步的重点工作。

本书中探讨了高程标准差 σ 和河床结构强度参数 S_P 在龙溪河河床地形曲线测点取不同空间间距情况下的表现行为，然而空间取样间距为沙粒尺度的实测地形数据的缺失使得本书得出的结果无法令人满意，下一步还需要从测量技术的提高或者数学分析的角度出发深入探究阻力描述的尺度问题。

最后，通过室内水槽输沙数据及两组野外卵砾石河流输沙数据对水流阻力、床面形态与推移质运动的交互关系进行了阐释，显然更多不同水沙边界条件下的相关数据需要补充，以验证充实本书的结论，并量化床面形态与推移质运动之间的作用关系。

参 考 文 献

白玉川，王鑫，曹永港，2013. 双向暴露度影响下的非均匀大粒径泥沙起动 [J]. 中国科学：技术科学，(9)：1010-1019.

曹叔尤，刘兴年，2016. 泥沙补给变化下山区河流河床适应性调整与突变响应 [J]. 四川大学学报（工程科学版），48 (1)：1-7.

曹叔尤，刘兴年，方铎，等，2000. 山区河流卵石推移质的输移特性 [J]. 泥沙研究，(4)：1-5.

曹志先，2007. 河流环境保护与灾害防御 [J]. 科技导报，25 (14)：38-45.

陈国阶，2004. 中国山区发展面临的问题与挑战 [J]. 科技导报，(6)：55-58.

陈有华，白玉川，2013. 平衡输沙条件下非均匀推移质运动特性 [J]. 应用基础与工程科学学报，21 (4)：657-669.

崔鹏，邹强，2016. 山洪泥石流风险评估与风险管理理论与方法 [J]. 地理科学进展，(2)：137-147.

韩其为，何明民. 泥沙起动规律及起动流速 [M]. 北京：科学出版社，1999.

侯极，刘兴年，蒋北寒，等，2012. 山洪携带泥沙引发的山区大比降河流水深变化规律研究 [J]. 水利学报，(s2)：48-53.

李彬，顾爱军，郭志学，等，2015. 强输沙对陡坡河道水位激增的影响试验研究 [J]. 四川大学学报（工程科学版），(s2)：34-39.

李蔚，廖谦，唐鸿磊，等，2014. 基于图像处理的山区河道表面流场测算研究 [J]. 人民长江，(15)：89-92.

刘怀湘，王兆印，于思洋，2010. 山区河流河床结构的发育分布 [J]. 清华大学学报（自然科学版），(6)：857-860.

刘怀湘，王兆印，余国安，等，2012. 典型山区小流域河床结构分布研究 [J]. 水利学报，43 (5)：512-519.

刘兴年，曹叔尤，黄尔，等，2000. 粗细化过程中的非均匀沙起动流速 [J]. 泥沙研究，(4)：10-13.

刘勇，2010. 卵砾石河流稳定河宽研究 [D]. 重庆：重庆交通大学.

马宏博，Metta F，Heyman J，等，2013. 推移质运动的随机理论与应用 [J]. 四川大学学报（工程科学版），45 (2).

钱宁，万兆惠，1983. 泥沙运动力学 [M]. 北京：科学出版社.

乔昌凯，刘兴年，王涛，等，2009. 水深与卵石粒径同量级下的河道糙率分析 [J]. 人民黄河，31 (3)：26-27.

秦荣昱，王崇浩，1996. 河流推移质运动理论及应用 [M]. 北京：中国铁道出版社，38-45.

孙东坡，王二平，董志慧，等，2004. 矩形断面明渠流速分布的研究及应用 [J]. 水动力学研究与进展，19 (2)：144-151.

王党伟，陈建国，傅旭东，2012. 山区河道水流阻力研究进展 [J]. 水利学报， （s2）：12 - 19.

王丽萍，郑江涛，周婷，等，2010. 山区河流系统健康评价方法研究 [J]. 资源与生态学报：英文版，1 (3)：216 - 220.

王兆印，程东升，段学花，等，2007. 东江河流生态评价及其修复方略 [J]. 水利学报，38 (10)：1228 - 1235.

吴修广，王平义，2001. 山区河流二维阻力特性研究 [J]. 重庆交通大学学报（自然科学版），20 (3)：102 - 105.

邢茹，张根广，梁宗祥，等，2016. 床面泥沙位置特性试验研究——暴露角、纵向水平间距及相对暴露度概率密度分布 [J]. 泥沙研究，(4)：28 - 33.

徐江，王兆印，2004. 阶梯-深潭的形成及作用机理 [J]. 水利学报，(10)：48 - 55.

徐梦珍，王兆印，潘保柱，等，2012. 雅鲁藏布江流域底栖动物多样性及生态评价 [J]. 生态学报，32 (8)：2351 - 2360.

许强，2010. 四川省 8 · 13 特大泥石流灾害特点、成因与启示 [J]. 工程地质学报，18 (5)：596 - 608.

杨奉广，毋敏，刘兴年，2016. 山区松散排列泥沙床面河流阻力特性研究 [J]. 四川大学学报（工程科学版），48 (5)：16 - 20.

杨美卿，王桂仙，镇芙蓉，1998. 卵砾石河流推移质输沙率的模拟计算方法 [J]. 应用基础与工程科学学报，6 (4)：88 - 94.

余国安，王兆印，杨吉山，等，2009. 来沙条件对山区河流推移质输沙的影响 [J]. 清华大学学报：自然科学版，(3)：341 - 345.

张根广，周双，邢茹，等，2016. 基于相对暴露度的无黏性均匀泥沙起动流速公式 [J]. 应用基础与工程科学学报，(4)：688 - 697.

张红萍，2013. 山区小流域洪水风险评估与预警技术研究 [D]. 北京：中国水利水电科学研究院．

张康，王兆印，刘乐，等，2012. 山区河流河床结构对推移质输沙率的影响 [J]. 天津大学学报（自然科学与工程技术版），45 (3)：202 - 208.

张康，2012. 河床结构在推移质运动及河床演变中的作用 [D]. 北京：清华大学．

张利国，傅旭东，郭大卫，等，2013. 山区卵砾石河流的阻力 [J]. 水利学报，44 (6)：680 - 686.

赵洪壮，李有利，杨景春，等，2009. 天山北麓河流纵剖面与基岩侵蚀模型特征分析 [J]. 地理学报，64 (5)：563 - 570.

周志德，1983. 中细沙平整动床的阻力 [J]. 水利学报，(5)：60 - 66.

Aberle J，Smart G M，2003. The influence of roughness structure on flow resistance on steep slopes [J]. J. Hydraul. Res.，41 (3)：259 - 269.

Ashida K，Michiue M，1972. Study on hydraulic resistance and bedload transport rate in alluvial streams [J]. Transactions, Japan Society of Civil Engineering，206：59 - 69 (in Japanese)．

Ashworth P J，Ferguson R I，1989. Size - selective entrainment of bed load in gravel bed streams [J]. Water Resources Research，25：627 - 634.

Badoux A，Andres N，Turowski J M，2014. Damage costs due to bedload transport processes in Switzerland [J]. Natural Hazards &. Earth System Sciences, 14 (2): 279 – 294.

Bagnold R A, 1966. An approach to the sediment transport problem from general physics [C] // The physics of sediment transport by wind and water. ASCE, 1966.

Bathurst J C, 1978. Flow resistance of large – scale roughness [J]. Journal of the Hydraulics Division, 104: 1587 – 1603.

Bathurst J C, 1985. Flow resistance estimation in mountain rivers [J]. Journal of Hydraulic Engineering, 111 (4): 625 – 643.

Bathurst J C, Graf W H, Cao H H, 1983. Initiation of sediment transport in steep channels with coarse bed material [J]. Mechanics of Sediment Transport, p. 207 – 213.

Bathurst J C, Li R M, Simons D B, 1981. Resistance equation for large – scale roughness [J]. Journal of the Hydraulics Division, 109: 779 – 780.

Bray D I, 1979. Estimating average velocity in gravel – bed rivers [J]. Journal of the Hydraulics Division, 107 (9): 1103 – 1122.

Brue H D, Poesen J, Notebaert B, 2015. What was the transport mode of large boulders in the campine plateau and the lower meuse valley during the mid – pleistocene? [J]. Geomorphology, 228: 568 – 578.

Buffington J M, Montgomery D R, 1997. A systematic analysis of eight decades of incipient motion studies, with special reference to gravel – bedded rivers [J]. Water Resources Research, 33 (8): 1993 – 2029.

Buffington J M, Montgomery D R, Greenberg H M, 2004. Basin – scale availability of salmonid spawning gravel as influenced by channel type and hydraulic roughness in mountain catchments [J]. Canadian Journal of Fisheries and Aquatic Sciences, 61 (11): 2085 – 2096.

Carson M A, Kirkby M J, 1972. Hillslope form and process [M]. New York: Cambridge Univ. Press, p. 473.

Cheng N, Liu X, Chen X, et al., 2016. Deviation of permeable coarse – grained boundary resistance from Nikuradse's observations [J]. Water Resources Research, 52 (2): 1194 – 1207.

Chin A, 1999. On the origin of step – pool sequences in mountain streams [J]. Geophysical Research Letters, 26 (2): 231 – 234.

Chin A, 1989. Step pools in stream channels [J]. Progress in Physical Geography, 13 (3): 390 – 407.

Church M, Rood K, 1983. Catalogue of Plain River Channel Regime Data [M]. Dep. of Geogr., Univ. of B. C., Vancouver, B. C., Canada, p. 99 .

Church M, Zimmerman A, 2007. Form stability of step – pool channels: Research progress [J]. Water Resources Research, 43 (3): 10 – 1029.

Colosimo C, Copertino V, Veltri M, 1988. Friction factor evaluation in gravel – bed rivers [J]. Journal of Hydraulic Engineering, 114: 861 – 876.

Comiti F, Mao L, Wilcox A, 2007. Field – derived relationships for flow velocity and resistance in high – gradient streams [J]. Journal of Hydrology, 340 (1 – 2): 48 – 62.

Curran J H, Wohl E E, 2003. Large woody debris and flow resistance in step – pool channels, cascade range, washington [J]. Geomorphology, 51 (1 - 3): 141 - 157.

Duan J G, Scott S, 2007. Selective bed - load transport in Las Vegas wash, a gravel - bed stream [J]. Journal of Hydrology, 342 (3 - 4): 320 - 330.

Egiazaroff I, 1965. Calculation of non - uniform sediment concentrations [J]. Journal of the Hydraulics Division, 91 (4): 225 - 247.

Einstein H A, 1950. The bed load function for sediment transportation in open channel flows [M]. U. S. Dept. Agri. , Tech. Bull. , No. 1026, p. 71.

Einstein H A, 1952. Barbarossa N L. River channel roughness [J]. Transactions of the American Society of Civil Engineers, 117: 1121 - 1146.

Einstein H A, El - Samni E S A, 1949. Hydrodynamic forces on a rough wall [J]. Reviews of Modern Physics, 21: 520 - 524.

Einstein H A, Chien N, 1953. Transport of sediment mixtures with large ranges of grain sizes [M] . Missouri River Div. Sediment Series No. 2, Missouri River Div. , U. S. Corps Engrs. , p. 49.

Engelund F, Fredsee J, Engelund F, et al. , 1976. A sediment transport model for straight alluvial channels [M]. Iwa Publishing.

Engelund F A, Hansen E, 1967. A monograph on sediment transport in alluvial sreams [J]. Hydrotechnical Construction, 33 (7): 699 - 703.

Ferguson R, 2007. Flow resistance equations for gravel - bed and boulder - bed streams [J]. Water Resources Research, 43 (5): 687 - 696.

Ferguson R I, 2012. River channel slope, flow resistance, and gravel entrainment thresholds [J]. Water Resources Research, 48 (5): 2805 - 2814.

Feurer D, Bailly J S, Puech C, 2008. Very - high - resolution mapping of river - immersed topography by remote sensing [J]. Progress in Physical Geography, 32 (4): 403 - 419.

Fu X D, An C G, Ma H B, et al. , 2013. Flash flood in a mountain stream with pulsed sediment input following an earthquake: case study of Longxi River [C] // Proceedings of the 35th IAHR world congress, p. 214 - 221.

Gaeuman D, Andrews E D, Krause A, 2009. Predicting fractional bed load transport rates: application of the Wilcock - Crowe equations to a regulated gravel bed river [J]. Water Resources Research, 45 (6): 4184 - 4188.

Galceran E, Campos R, Palomeras N, et al. , 2015. Coverage Path Planning with Real - time Replanning and Surface Reconstruction for Inspection of Three - dimensional Underwater Structures using Autonomous Underwater Vehicles [J]. Journal of Field Robotics, 32: 952 - 983.

Gessler J, 1971. Critical shear stress for sediment mixtures [J]. Proc 14th Conf Intern Assoc Hydraulic Research, 3: 1 - 8.

Giménez - Curto L A, Corniero L M A, 1996. Oscillating turbulent flow over very rough surfaces [J]. Journal of Geophysical Research Oceans, 101 (101): 20745 - 20758.

Griffiths G A, 1981. Flow resistance in coarse gravel bed rivers [J]. Journal of the Hydraulics Division, 107 (HY7): 899 - 918.

Hey R D, 1979. Flow resistance in gravel - bed rivers [J]. Journal of the Hydraulics Division, 105 (HY9): 365 - 379.

Hey R D, Thorne C R, 1986. Stable channels with mobile gravel beds [J]. Journal of Hydraulic Engineering, 112: 671 - 689.

Huang N E, Shen Z, Long S R, 1999. A new view of nonlinear water waves: the Hilbert spectrum [J]. Annual Review of Fluid Mechanics, 31 (1): 417 - 457.

Hunziker R P, Jaeggi M N R, 2002. Grain Sorting Processes [J]. Journal of Hydraulic Engineering, 128 (12): 1060 - 1068.

Jarrett R D, 1984. Hydraulics of high - gradient streams [J]. Journal of Hydraulic Engineering, 110: 1519 - 1539.

Katul G, Wiberg P, Albertson J, 2002. A mixing layer theory for flow resistance in shallow streams [J]. Water Resources Research, 38 (11): 32 - 1.

Keulegan G H, 1938. Laws of turbulent flow in open Channels [J]. Journal of Research of the National Bureau of Standards, 21 (6): 707 - 741.

Khoshelham K, Elberink S O, 2012. Accuracy and resolution of Kinect depth data for indoor mapping applications [J]. Sensors, 12 (2): 1437 - 54.

Kironoto B A, Graf W H, 1995. Turbulence characteristics in rough non - uniform open channel flow [J]. ICE Proceedings Water Maritime and Energy, 112: 336 - 348.

Knighton D, 1998. Fluvial forms and processes: a new perspective [M]. London: Arnold, 93 - 95.

Lamarre H, Roy A G, 2008. A field experiment on the development of sedimentary structures in a gravel - bed river [J]. Earth Surface Processes and Landforms, 33:1064 - 1081.

Lamb M P, Dietrich W E, Venditti J G, 2008. Is the critical Shields stress for incipient sediment motion dependent on channel - bed slope? [J]. Journal of Geophysical Research Atmospheres, 113 (F2): 804 - 813.

Lambs L, 2004. Interactions between groundwater and surface water at river banks and the confluence of rivers [J]. Journal of Hydrology, 288 (3 - 4), 312 - 326.

Lee A J, Ferguson R I, 2002. Velocity and flow resistance in step - pool streams [J]. Geomorphology, 46 (1 - 2): 59 - 71.

Macfarlane W A, Wohl E, 2003. Influence of step composition on step geometry and flow resistance in step - pool streams of the Washington Cascades [J]. Water Resources Research, 39 (2): 237 - 45.

Meyer - Peter E, 1948. Formula for bed - load transport [C] // Proc. , 2nd. Meeting, Intern. Assoc. Hyd. Res. , Vol. 6.

Milhous R T, 1973. Sediment transport in a gravel - bottomed stream [D]. Corvallis: Oregon State University.

Millar R G, 1999. Grain and form resistance in gravel - bed rivers [J]. Journal of Hydraulic Research, 37: 303 - 312.

Montgomery D R, Buffington J M, 1997. Channel - reach morphology in mountain drainage basins [J]. Geological Society of America Bulletin, 109 (5): 596 - 611.

Nikora V, Goring D, Biggs B, 1998. On gravel - bed roughness characterization [J]. Water Resources Research, 34 (3): 517 - 527.

Nikora V, Goring D, McEwan I, et al., 2001. Spatially averaged open – channel flow over rough bed [J]. Journal of Hydraulic Engineering, 127 (2): 123 – 133.

Nikora V, Mclean S, Coleman S, et al., 2007 (a). Double – Averaging Concept for Rough – Bed Open – Channel and Overland Flows: Theoretical Background [J]. Journal of Hydraulic Engineering, 133 (8): 873 – 883.

Nikora V, Mclean S, Coleman S, et al., 2007 (b). Double – Averaging Concept for Rough – Bed Open – Channel and Overland Flows: Applications [J]. Journal of Hydraulic Engineering, 133 (133): 884 – 895.

Nitsche M, Rickenmann D, Kirchner J W, 2012. Macro – roughness and variations in reach – averaged flow resistance in steep mountain streams [J]. Water Resources Research, 48 (12): 2211 – 2240.

Nowell A R M, Church M, 1979. Turbulent flow in a depth – limited boundary layer [J]. Journal of Geophysical Research, 88 (C8): 4816 – 4824.

Orlandini S, Boaretti C, Guidi V, et al., 2006. Field determination of the spatial variation of resistance to flow along a steep Alpine stream [J]. Hydrological Processes, 20: 3897 – 3913.

Parker G, 1990. Surface – Based Bedload Transport Relation for Gravel Rivers [J]. Journal of Hydraulic Research, 28 (4), 417 – 436.

Parker G, 2008. Transport of gravel and sediment mixtures [C] //García MH. (Ed.). Sedimentation Engineering: Processes, Measurements, Modelling and Practice. ASCE, Reston, Virginia, p. 165 – 252.

Parker G, Klingeman P C, 1982. On why gravel bed streams are paved [J]. Water Resources Research, 18 (18): 1409 – 1423.

Parker G, Wilcock P R, Paola C, 2007. Physical basis for quasi – universal relations describing bankfull hydraulic geometry of single – thread gravel bed rivers [J]. Journal of Geophysical Research (Earth Surface), 112 (F4): 215 – 226.

Patel S B, Patel P L, Porey P D, 2015. Fractional bed load transport model for non – uniform unimodal and bimodal sediments [J]. Journal of Hydro – Environment Research, 9 (1): 104 – 119.

Powell D M, Reid I, Laronne J, 2001. Evolution of bed load grain size distribution with increasing flow strength and the effect of flow duration on the caliber of bed load sediment yield in ephemeral gravel bed rivers [J]. Water Resources Research, 37 (5):1463 – 1474.

Qin J, Ng S L, 2012. Estimation of effective roughness for water – worked gravel surfaces [J]. Journal of Hydraulic Engineering, 138 (11): 923 – 934.

Recking A, 2009. Theoretical development on the effects of changing flow hydraulics on incipient bed load motion [J]. Water Resources Research, 45 (4): 1211 – 1236.

Recking A, Frey P, Paquier A, et al., 2008. Bed – load transport flume experiments on steep slopes [J]. Journal of Hydraulic Engineering, 134 (9): 1302 – 1310.

Recking A, Frey P, Paquier A, 2008. Feedback between bed load transport and flow resistance in gravel and cobble bed rivers [J]. Water Resources Research, 44 (44): 50 – 50.

Recking D, 1994. An alternative equation for the mean velocity in gravel – bed rivers and

mountain torrents [J]. Proceedings ASCE 1994 National Conference on Hydraulic Engi-
neering, Buffalo N. Y. , USA, 672 – 676.

Rickenmann D, 2001. Comparison of bed load transport in torrents and gravel bed streams
[J]. Water Resources Research, 37 (12): 3295 – 3305.

Rickenmann D, 1991. Hyperconcentrated flow and sediment transport at steep slopes [J].
J. Hydr. Eng. , ASCE,, 117 (11): 1419 – 1439.

Rickenmann D, Recking A, 2011. Evaluation of flow resistance in gravel – bed rivers through
a large field data set [J]. Water Resources Research, 47 (7): 209 – 216.

Rijn L C, 1982. Equivalent roughness of alluvial bed [J]. Journal of the Hydraulics Division,
108 (10): 1215 – 1218.

Rijn L C, 1984. Sediment transport, part Ⅲ: bed forms and alluvial roughness [J]. Journal
of Hydraulic Engineering, 110 (12): 1733 – 1754.

Robert A, 1991. Fractal properties of simulated bed profiles in coarse – grained channels [J].
Mathematical Geology, 23 (23): 367 – 382.

Robert A, 1988. Statistical properties of sediment bed profiles in alluvial channels [J].
Mathematical Geology, 20 (3): 205 – 225.

Rouse H, 1965. Critical analysis of open – channel resistance [J]. Journal of the Hydraulics
Division, 91: 1 – 23.

Schmeeckle M W, Nelson J M, 2003. Direct numerical simulation of bedload transport using
a local dynamic boundary condition [J]. Sedimentology, 50: 279 – 301.

Schneider J M, 2015. Bedload transport, flow hydraulics, and macro – roughness in steep
mountain streams [D]. ETH – Zürich.

Schumm S A, 1977. The Fluvial System [J]. Fluvial System, 13 (1): 244 – 259.

Shvidchenko A B, Pender G, 2000. Initial motion of streambeds composed of coarse uniform
sediments [J]. Proceedings of the Institution of Civil Engineers Water Maritime and Ener-
gy, 142 (4): 217 – 227.

Smart G M, Duncan M J, Walsh J M, 2002. Relatively rough flow resistance equations [J].
Journal of Hydraulic Engineering, 128 (6): 568 – 578.

Smart G M, Jäggi M N R, 1983. Sediment transport on steep slopes [J]. Hydrol. Und Gla-
ziol. , 64: 89 – 191.

Strickler K, 1923 . Beiträge zur Frage der Geschwindigkeitsformel und der Rauhigkeitszahlen
für Ströme, Kanäle und geschlossene Leitungen, Mitt. 16, Eidg. Amt für Wasserwirtsch,
Bern, Switzerland.

Thorne C R, Zevenbergen L W, 1985. Estimating mean velocity in mountain rivers [J].
Journal of Hydraulic Engineering, 111 (4): 612 – 624.

Turowski J M, 2009. Stochastic modeling of the cover effect and bedrock erosion [J]. Water
Resources Research, 45 (3): W03422.

Wang Z Y, Xu J, Li C Z, 2004. Development of step – pool sequence and its effects in resist-
ance and stream bed stability [J]. International Journal of Sediment Research, 19 (3):
161 – 171.

Whiting P J, Dietrich W E, 1990. Boundary shear stress and roughness over mobile alluvial beds [J]. Am. Soc. Civ. Eng. , J. Hydraul. Eng. , 116 (12): 1495 – 1511.

Wiberg P L, Rubin D M, 1989. Bed roughness produced by saltating sediment [J]. J. Geophys. Res. , 94 (C4): 5011 – 5016.

Wilcock P R, 1998. Two – fraction model of initial sediment motion in gravel – bed rivers [J]. Science, 280: 410 – 412.

Wilcock P R, Crowe J C, 2003. Surface – based transport model for mixed – size sediment [J]. Journal of Hydraulic Engineering, 129 (5): 120 – 128.

Wilcock P R, Kenworthy S T, Crowe J C, 2001. Experimental study of the transport of mixed sand and gravel [J]. Water Resources Research, 37 (12): 3349 – 3358.

Wilcox A C, Nelson J M, Wohl E E, 2006. Flow resistance dynamics in step – pool channels: 2. Partitioning between grain, spill, and woody debris resistance [J]. Water Resources Research, 42 (42): 387 – 403.

Wohl E E, Wilcox A, 2005. Channel geometry of mountain streams in New Zealand [J]. Journal of Hydrology, 300 (1 – 4): 252 – 266.

Wong M, Parker G, 2006. Reanalysis and Correction of Bed – Load Relation of Meyer – Peter and Müller Using Their Own Database [J]. Journal of Hydraulic Engineering, 132 (11): 1159 – 1168.

Yager E M, Kirchner J W, Dietrich W E, 2007. Calculating bed load transport in steep boulder bed channels [J]. Water Resources Research, 43 (7): 256 – 260.

Yalin M S, 1977. Mechanics of sediment transport [M]. Pergamon Press, 268 – 268.

Yang C T, 1996. Sediment Transport: Theory and Practice [M]. New York: McGraw – Hill.

Yang F G, Liu X N, Cao S Y, 2010. Study on bed load transport for uniform sediment in laminar flow [J]. Science China Technological Sciences, 53 (9): 2414 – 2422.

Yang S, 2013. A simple model to extend 1 – D hydraulics to 3 – D hydraulics [C] // 35th IAHR World Congress Chengdu, China, 1 – 12.

Yu G A, Wang Z Y, Huang H Q, et al. , 2012. Bed load transport under different streambed conditions – a field experimental study in a mountain stream [J]. International Journal of Sediment Research, 27 (4): 426 – 438.